西安市科技局科普专项支持（项目编号：24KPZT0015）

U0626591

前沿科技科普丛书

纳米技术

NAMI JISHU

前沿科技科普丛书编委会 编

西安电子科技大学出版社

图书在版编目(CIP)数据

纳米技术 / 前沿科技科普丛书编委会编.— 西安：
西安电子科技大学出版社, 2023.11
（前沿科技科普丛书）
ISBN 978-7-5606-6670-9

Ⅰ.①纳⋯ Ⅱ.①前⋯ Ⅲ.①纳米技术—青少年读物
Ⅳ.①TB303-49

中国版本图书馆 CIP 数据核字(2022)第 209091 号

策　　划　邵汉平　陈一琛
责任编辑　陈一琛
出版发行　西安电子科技大学出版社(西安市太白南路 2 号)
电　　话　(029)88202421 88201467　　　邮　　编　710071
网　　址　www.xduph.com　　　　　　　电子邮箱　xdupfxb001@163.com
经　　销　新华书店
印刷单位　广东虎彩云印刷有限公司
版　　次　2023 年 11 月第 1 版　　2023 年 11 月第 1 次印刷
开　　本　787 毫米×960 毫米　　　1/16　　　印张　6
字　　数　100 千字
定　　价　26.80 元
ISBN　978-7-5606-6670-9 / TB
XDUP　6972001-1
*****如有印装问题可调换*****

前言

　　纳米技术是诞生于 20 世纪后期的一种现代微观粒子技术。如今，这种神奇的技术已经被广泛应用于人类生产和生活的各个方面。那么，纳米技术到底是一种什么样的技术呢？

　　本书主要介绍纳米技术的相关知识，包括纳米的定义，纳米技术的概念和特点，纳米技术的出现、发展、现状和未来，纳米技术在材料、化工、电子、军事、航天、生物、医疗、能源等领域的应用情况，以及中国纳米技术的发展及现状等。书中列举了纳米技术在现代社会的运用实例，如纳米材料、纳米机器人、纳米药物等，让青少年能在阅读中了解纳米技术对我们生活的巨大影响，从而激发他们对科学的兴趣。

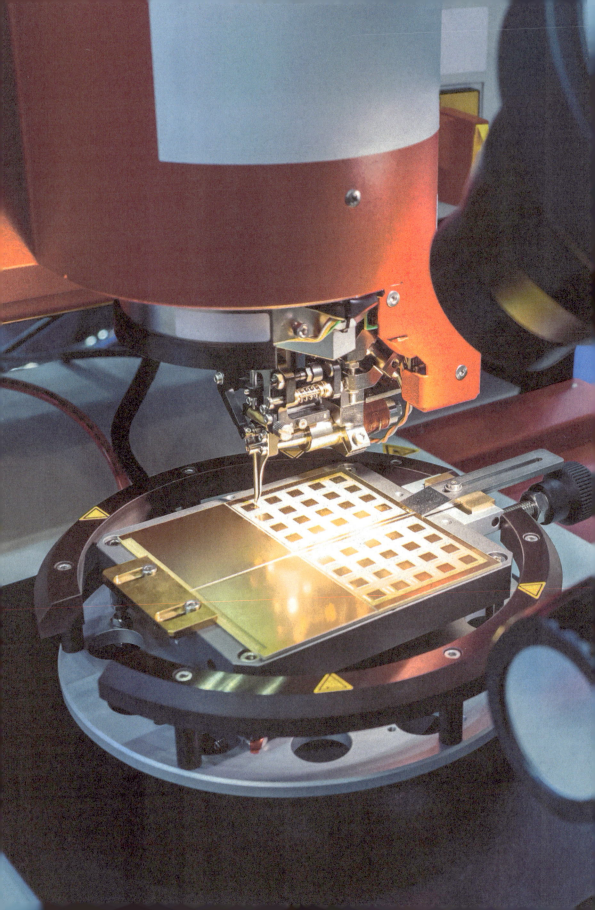

目录

纳米有多小 ……………………… 1

神奇的纳米技术 ………………… 2

纳米技术的诞生 ………………… 4

纳米技术的发展 ………………… 6

纳米技术的特点 ………………… 8

纳米技术的现状 ………………… 10

纳米结构 ………………………… 12

纳米材料 ………………………… 14

纳米材料的性质 ………………… 16

纳米半导体材料 ………………… 18

纳米粉体材料 …………………… 20

纳米固体材料 …………………… 22

纳米金属材料 …………………… 24

纳米陶瓷材料 …………………… 26

纳米薄膜 ………………………… 28

碳纳米管 ………………………… 30

石墨烯和富勒烯 ………………… 32

纳米复合材料 …………………… 34

纳米技术的应用 ………………… 36

纳米化工生产 …………………… 38

纳米加工技术 …………………… 40

超精密机械加工 ……………………42

原子操纵技术 ………………………44

纳米测量技术 ………………………46

纳米制备技术 ………………………48

纳米电子学 …………………………50

纳米电子器件 ………………………52

微机电系统 …………………………54

纳米传感器 …………………………56

纳米计算机 …………………………58

纳米机器人 …………………………60

纳米飞行器 …………………………62

纳米武器 ……………………………64

纳米航天 ……………………………66

纳米卫星 ……………………………68

纳米通信 ……………………………70

纳米生物技术 ………………………72

纳米医疗技术 ………………………74

纳米药物 ……………………………76

DNA 纳米技术 ……………………78

纳米技术在环境保护中的应用 ………80

纳米新能源 …………………………82

中国的纳米技术 ……………………84

国家纳米科学中心 …………………86

纳米技术的未来 ……………………88

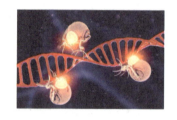

纳米有多小

纳米和厘米、分米以及米一样，是一种长度单位，只不过纳米单位非常小，1 纳米等于 0.000 000 001 米，肉眼根本看不到。

发丝也成庞然大物

假设一根头发的直径为 0.07 毫米，那么 10 根头发还不到 1 毫米，而 1 毫米等于 1000 微米，1 微米等于 1000 纳米。也就是说，1 毫米等于 1 000 000 纳米。

▶ 电子显微镜下的纳米管束

指甲盖上写小说

我们知道万事万物都由原子组成。有科学家移动铁原子拼出了文字，一个文字仅占 3×3 平方纳米。如果在你的指甲盖上写满这样的字，能够写十万亿个字！

▶ 纳米粒子在生物医学、光学和电子等领域得到了广泛应用

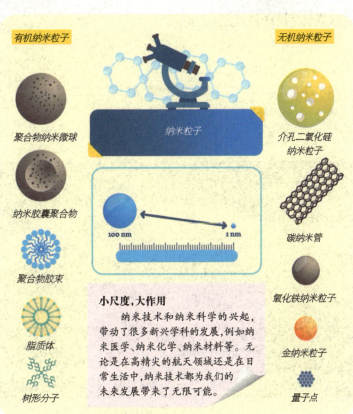

有机纳米粒子　　无机纳米粒子

纳米粒子

聚合物纳米微球

纳米胶囊聚合物

聚合物胶束

脂质体

树形分子

100 nm　　1 nm

介孔二氧化硅纳米粒子

碳纳米管

氧化铁纳米粒子

金纳米粒子

量子点

小尺度，大作用

纳米技术和纳米科学的兴起，带动了很多新兴学科的发展，例如纳米医学、纳米化学、纳米材料等。无论是在高精尖的航天领域还是在日常生活中，纳米技术都为我们的未来发展带来了无限可能。

神奇的纳米技术

纳米技术，顾名思义，就是研究结构大小在 0.1~100 纳米范围以内的材料的技术，是直接用单个原子、分子来制造具有特定功能的物质的一种非常先进的科学技术。

原子积木搭分子

20世纪80年代，美国科学家在《创造的机器》一书中提出分子纳米技术的概念。根据这一概念，人们可以任意组合所有种类的分子，制造出任何种类的分子结构。

超越极限的微加工

通过纳米尺度的加工制成纳米大小的结构的技术，使得一些发展到极限的技术得到突破，特别是在一些电子元件的加工方面，人们能将芯片做得更小了。

《创造的机器》

1986 年美国科学家埃里克·德雷克斯勒出版《创造的机器》一书，书中提出分子纳米技术的概念，开启了探索通过人工堆叠原子构成机器的方法，并指引其进行工作的新时代。

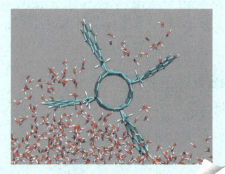

▲ 分子推进器

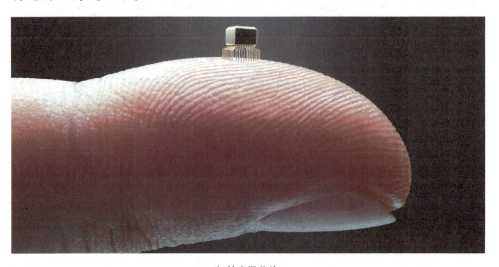

▲ 纳米微芯片

破解生物大奥秘

科学家从生物角度出发，提出了纳米技术的应用可能。生物体细胞内原本就存在纳米级的结构，人们可以利用纳米生物技术操纵生物大分子，实现生物技术的大革命。

探索微观世界

为了在纳米尺度上进行科学研究，就要能够"看到"足够小的结构，包括在纳米尺度上研究材料的特性，以及原子或分子排列、组装与这些特性之间的关系。

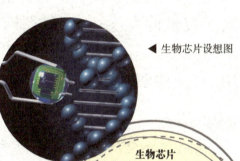

◀ 生物芯片设想图

生物芯片

将纳米材料制作成生物芯片，就可以把普通实验的各个步骤微缩在一个芯片上。为微小的芯片表面装配一类生物活性物质，通过一点点来自生物的样品，就可以同时检测和研究不同的生物细胞、生物分子和DNA特性及它们之间的相互作用，从而获知生命微观活动的规律。

▲ 纤维纳米结构

纳米技术的诞生

显微镜的发展让我们得以窥见世界更小尺度中的奥秘，而纳米技术的发展让世界被神奇的科学力量所"控制"。利用纳米技术，科学家打造出了一个能够对人类发展起巨大作用的"美丽新世界"。

灵感的萌发

20世纪60年代，美籍犹太裔物理学家理查德·费曼提出了从原子级别进行物质改造的想法；20世纪70年代，科学家开始从不同角度提出有关纳米科技的构想；1974年，"纳米技术"一词被提出。

▲ 理查德·费曼

在底部还有很大空间

1959年，理查德·费曼的一次题为《在底部还有很大空间》的演讲被认为是纳米技术灵感的来源。他认为可以从另外一个角度出发，从单个的分子甚至原子开始组装，以达到人们的要求。他说："至少依我看来，物理学的规律不排除一个原子一个原子地制造物品的可能性。"

微观世界的大门

1981年，科学家研发出扫描隧道显微镜（STM），人类第一次能够实时观察单个原子，使得科学家们研究单个原子的性质成为可能。

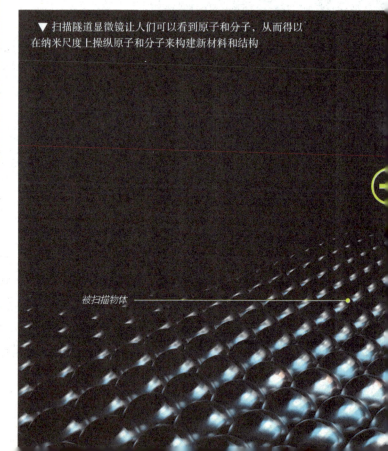

▼ 扫描隧道显微镜让人们可以看到原子和分子，从而得以在纳米尺度上操纵原子和分子来构建新材料和结构

被扫描物体

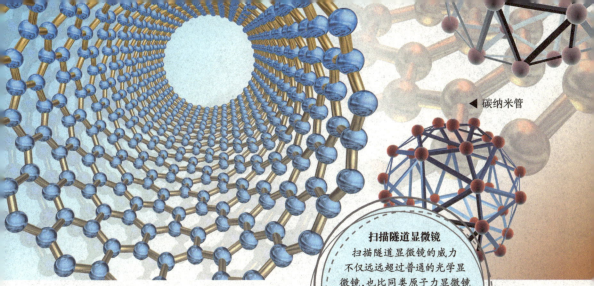

◀ 碳纳米管

初步形成

　　1990年，首届国际纳米科技会议在美国巴尔的摩举办，标志着纳米科学技术的正式诞生。隔年，碳纳米管被人类发现，并凭借强度高与重量轻的特点，成为纳米技术研究的热点。

扫描隧道显微镜

扫描隧道显微镜的威力不仅远远超过普通的光学显微镜，也比同类原子力显微镜具有更高的分辨率。它可以让科学家观察和定位单个原子，甚至能够在低温条件下利用探针尖端精确地操纵原子。

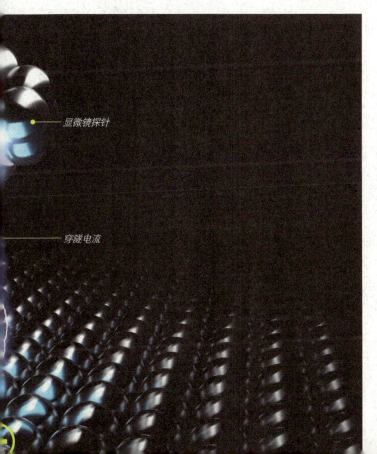

显微镜探针

穿隧电流

▲ 利用扫描隧道显微镜得到的量子围栏影像，尺寸为宽25纳米、高16纳米，呈现了位于铜原子表面的电子在钴原子围栏内不停弹撞的景象。碰撞形成的一波波涟漪，好似一颗小石子投入池塘后荡起的层层波纹

投入应用

　　1997年，科学家成功实现用单电子移动单电子。同年，科学家发现DNA可用于建造纳米层次上的机械装置。1999年，基于纳米技术的可称量单个原子的微型"秤"研制成功。

纳米技术的发展

纳米技术的出现给医疗、制造、材料和信息通信等行业带来了革命性的变革。近些年来，纳米科技受到了世界各国尤其是发达国家的重视，并引发了越来越激烈的竞争。

日本抢先起跑

早在 1981 年 6 月，日本就推出了"先进技术的探索研究计划"，进行纳米技术的前沿课题研究。日本是最早开展纳米技术基础和应用研究的国家。

美国雄心勃勃

美国在 2000 年制订了国家级的纳米技术计划（NNI），来整合全国各机构的力量，以推动纳米尺度的科学、工程和技术开发工作的协调发展。

欧盟高度重视

欧盟在 2002 年至 2007 年实施的第六个框架计划中将纳米技术作为最优先的领域，力图制定欧洲的纳米技术战略，德国、法国、爱尔兰等欧盟国家也制订了各自的纳米技术研发计划。

Nano 数据库

Nano 数据库是全球最大的纳米材料专属数据库，由施普林格·自然集团 (Springer Nature) 集合了全球优秀专家团队重点研发，提供最全面、最前沿的纳米材料数据信息整理汇总报告，可以帮助全世界的科学家进行纳米技术的研究。

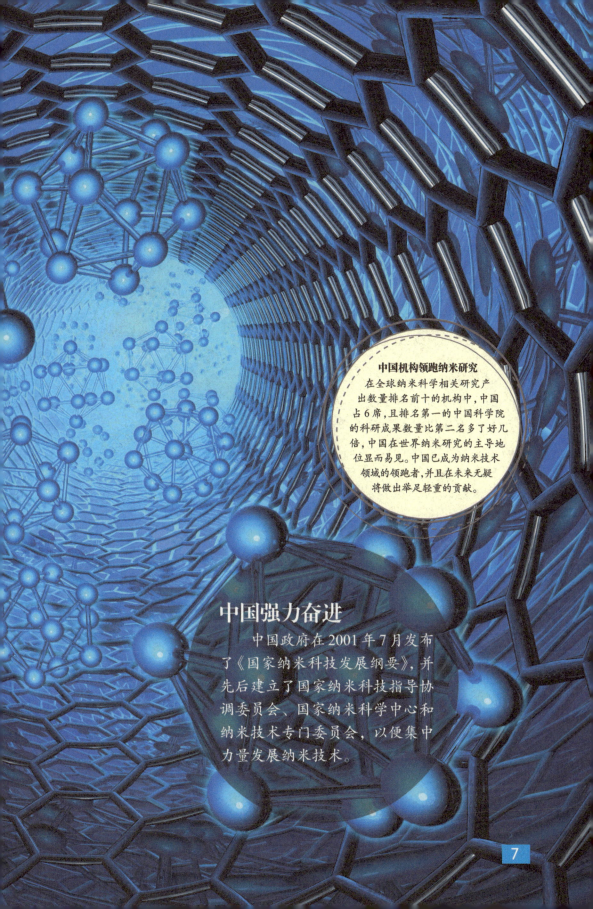

中国机构领跑纳米研究

在全球纳米科学相关研究产出数量排名前十的机构中，中国占6席，且排名第一的中国科学院的科研成果数量比第二名多了好几倍，中国在世界纳米研究的主导地位显而易见。中国已成为纳米技术领域的领跑者，并且在未来无疑将做出举足轻重的贡献。

中国强力奋进

中国政府在2001年7月发布了《国家纳米科技发展纲要》，并先后建立了国家纳米科技指导协调委员会、国家纳米科学中心和纳米技术专门委员会，以便集中力量发展纳米技术。

纳米技术的特点

纳米技术的相关研究已经不限于微型材料的合成和应用，而是横跨多个学科，走在科技研究的前沿。

深入微观

纳米技术的出现标志着人类对物质的控制能力从宏观层次深入到原子、分子的纳米级新层次，人类开始能够根据需求操纵单个的原子和分子，最终实现对微观世界的有效控制。

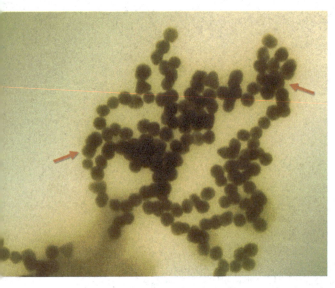

▲ 金纳米粒子在溶液中聚集时的透射电子显微照片（两个红色箭头之间的距离约为280纳米，是人类头发直径的1/250）

▲ 扫描隧道显微镜局部

发展迅速

1981 年，扫描隧道显微镜的发明为我们揭示了一个可见的纳米级微观世界。在此以后不足 20 年间，纳米技术就走向市场，发展十分迅速。

◀纳米技术在科学实验室、微型芯片、机器人、医学等领域都得到了应用

功能极强

纳米技术可以改变普通材料的性质，或者从原子层面设计出各种具有奇特性质的新材料，这些新材料具备很多令人难以想象的功能。可以说，纳米技术让人类进入了改造自然的新阶段。

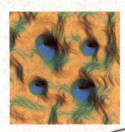

◀使用扫描隧道显微镜制作的结构(较大的蓝色峰是成对的钴原子，两个较小的峰是单个钴原子)

世界上最小的电影

IBM公司使用单个原子和两个扫描隧道显微镜制作出的《男孩与他的原子》，刻画了一个男孩将一个原子当成朋友共同嬉戏的场景，包括跳舞、玩接球游戏和跳蹦床，这部约90秒的电影被放大了1亿倍以上，被人们认为是世界上最小的电影。

针尖上的"中国"

1993年，中国科学院北京真空物理实验室运用纳米技术和超真空扫描隧道显微镜手段，通过操纵硅原子写出"中国"两个字，标志着中国也进入了原子时代，开始在国际纳米科技领域占有一席之地。

多学科结合

纳米科学技术是以许多现代先进的科学技术为基础的学科，它的发展又将衍生一系列新的学科，如纳米物理学、纳米化学、纳米生物学、纳米电子学和纳米计量学等。

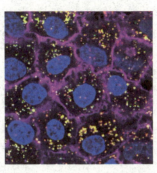

▲黄色纳米粒子靶向进入蓝色癌细胞的景象(纳米粒子可用于肿瘤治疗)

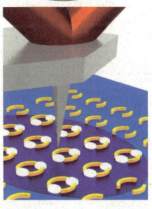

▲来自蓝色样品下方的紫色红外光激发金色的环形纳米级等离子体谐振器结构

纳米技术的现状

　　纳米技术的发展深刻影响了现代科学的进程，成为推动多学科发展的重要引擎。纳米技术在能源环境、生物医药、信息器件和绿色制造等领域的应用日益凸显,成为变革性产业制造技术产生的重要源头。

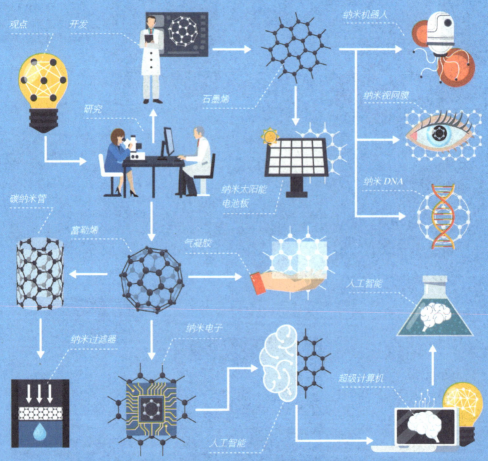

　　观点　　开发　　石墨烯　　纳米机器人　　纳米视网膜　　研究　　纳米 DNA　　碳纳米管　　富勒烯　　气凝胶　　纳米太阳能电池板　　人工智能　　纳米过滤器　　纳米电子　　超级计算机　　人工智能

▲ 纳米技术发展与材料、设备、人工智能及医学关系紧密

快速发展

　　当前,纳米技术已被公认是十分重要且发展迅速的前沿科技之一,它的发展也标志着一个科技新纪元——纳米科技时代的开始。

高关注度

作为新兴战略性产业中的核心技术，纳米技术相关的伦理与法律问题涉及纳米技术的每一个环节，逐渐引起人们的关注。

领头行业

纳米技术最主要的三大应用领域是电子、能源和生物医学，它们共同占据了全球纳米技术市场70%以上的份额。纳米技术也应用于化妆品、国防和汽车领域。

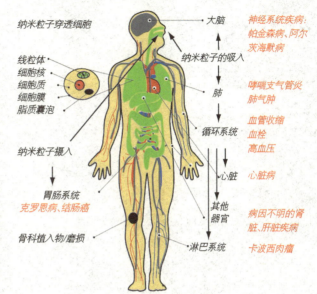

▲ 纳米粒子与相关疾病

纳米技术安全性受关注

2007年2月，在旧金山举行的美国科学促进协会年会上，美国纳米技术专家科尔文提出，开发和应用纳米技术必须首先保证其安全性，纳米材料潜在的应用价值是巨大的，但它也可能破坏环境和伤害人体，科学家必须对此有足够的认识。

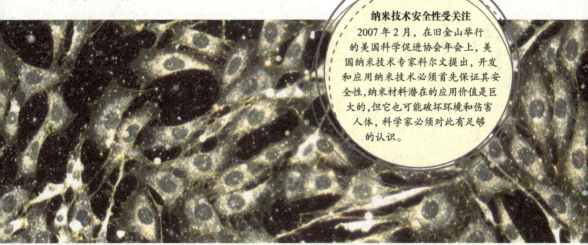

▲ 金纳米粒子是癌症研究中重要的研究对象（它们是无毒的，可以携带多种治疗和诊断剂，并且足够小，能够到达体内其他递送系统无法到达的目标），这张暗场图像显示了金纳米粒子进入胞质溶胶的过程

应用局限

纳米技术的局限主要在于制作成本较高，实现大规模工业化较难，高昂的成本使纳米技术的应用受到极大限制。在未来纳米技术的研究中，降低纳米材料造价将会是突破口之一。

纳米结构造就蝴蝶色彩

蝴蝶翅膀上闪烁着多种颜色，在空中飞舞时非常迷人，但有的颜色并不是现实存在的，而是纳米结构导致的视觉效果。有些蝴蝶的翅膀上分布着大量纳米级的鳞片，能够向不同的方向散射光线，到了我们的眼中，就成了蝴蝶翅膀上闪烁着的独特的颜色。

▲ 蝴蝶翅膀

纳米结构

　　纳米结构通常是指尺寸在 100 纳米以下的超小型结构，也就是以纳米尺度的物质为一个小单元，按一定规律构筑或组装的一种新体系，包括一维的、二维的和三维的。

纳米粒子

　　纳米粒子是一种人工制造的、大小不超过 100 纳米的超小颗粒，这些超小颗粒可能是金属粒子、陶瓷粒子、碳粒子或者乳胶体等。纳米粒子越来越多地被应用于医学、防晒护肤品中。

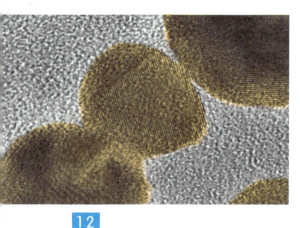

◀ 产生金属纳米粒子的物理方法之一是在液体中进行脉冲激光烧蚀。图为激光烧蚀工艺中金靶产生的金纳米粒子

纳米块体

　　纳米块体是指将纳米粉末通过高压进行压制，或者人工控制液体结晶而得到的纳米晶粒材料。纳米块体常被用于超高强度材料或者智能金属材料中。

▶ 纳米尺度的单晶或单畴超微颗粒，通常被称为纳米晶体。图为典型的硅纳米晶体（黄色）的结构模型稳定在环己烷（蓝色）的有机壳中

纳米薄膜

　　纳米薄膜指的是将尺寸为几纳米大小的小单元镶嵌到薄膜材料中，这些嵌在材料中如同"宝石"一般的纳米颗粒使得薄膜材料兼具传统材料和现代材料的优越性。

纳米薄膜夜视镜
据来自澳大利亚的科学团队表示，他们开发出一种纳米结构的"超薄水晶膜"，它不需要任何电源，只要直接贴在普通眼镜上，就能把光线中的红外部分转换成可见光。未来的护目镜、房屋玻璃以及汽车挡风玻璃等使用这种技术后，将会大幅减少人们对照明的需求。

▲ 微纳米钛镀膜钻石，呈现出彩虹般的色彩效果

纳米组装体系

　　像拼接积木一样，利用物理和化学的方法把纳米尺度的小单元如分子与原子进行人工组装、排列，由此构成的纳米结构体系，就是纳米组装体系。

冷　　热

▶ 将金纳米粒子（图中的大球体）束缚在纳米孔（紫色小件）上，纳米孔周围的温度即可通过激光快速而精确地改变，从而使科学家区分出孔中不同温度条件下表现不同的相似分子

纳米材料

纳米材料自问世以来，就成为材料科学最关注的研究对象。在将纳米材料应用到各行各业的同时，对纳米材料本身的制备方法和性质的研究也是目前国际上非常重视和积极探索的方向。

▲ 铁磁流体由悬浮于载流体当中的纳米数量级的铁磁微粒组成，可用于电子产品、航天器和医学等领域

纳米磁性材料

由于纳米粒子的尺寸非常小，用其制成一些材料会具有特别的磁学性质，因此科学家们称这些材料为"纳米磁性材料"。这些材料在制作电子元件时作用很大。

纳米隐身材料

隐身技术作为提高武器系统生存、突破地方防御的有效手段，已经成为战争中极为重要的战术技术手段。纳米材料由于其结构特殊，可以通过吸收消耗大气中的电磁信息达到隐身效果，受到了世界各军事强国的高度重视。

纳米陶瓷材料

传统陶瓷材料中的晶粒比较大，晶粒间结合不够紧密，韧性不好，质地较脆。纳米陶瓷的晶粒尺寸小，晶粒在微观形态下容易进行一定的运动，因此强度更好，韧性也更强。

"出淤泥而不染"的自洁材料

荷叶的表面具有疏水性能，落在其上的雨水会因表面张力的作用而形成水珠，只要荷叶稍微倾斜，水珠就会滚落，从而达到"出淤泥而不染"的效果。受荷叶自洁效应启发研制出来的纳米自洁材料，不仅完全不吸水，还可以防止粉尘和污染物的入侵。

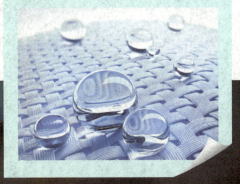

纳米半导体材料

纳米粒子的小尺寸也会造成内部的电子输运反常，使得电导率降低，这种特性在大规模集成电路器件和一些光电器件等领域发挥着重要的作用。

▼ 量子点是几纳米大小的半导体粒子，其光学和电子特性不同于较大的粒子（由于量子限制，不同大小的量子点会发出不同颜色的光）

纳米催化材料

纳米粒子是一种非常好的催化剂，这是因为纳米粒子尺寸小、表面的体积分数较大，表面的活性位置多，具备作为催化剂的优良条件。

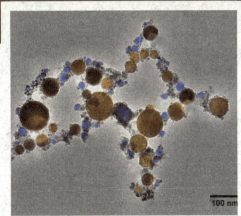

▶ 金和锡纳米粒子的混合物

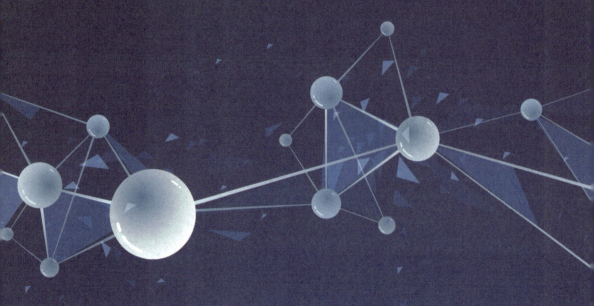

纳米材料的性质

和普通粒子相比，纳米粒子具有更多的体积效应，这些效应会使纳米材料呈现出既不同于宏观物体也不同于单个原子的特殊性质。

表面效应

纳米粒子表面的原子数和总原子数的比例会随着粒子半径的变小而急剧增大，从而引起材料的性质变化，这就是表面效应。

控制细胞活动

美国布法罗大学研究小组开发了一种磁性纳米粒子，可固定在细胞膜上，然后利用高周波磁场对其加热，从而刺激细胞。研究人员目前已证明该方法可以打开钙离子通道，激活通过细胞培养的神经细胞，甚至可以操纵微小线虫的运动。

有限多原子集合体

一般物质由于内部粒子过多，可以视作无限个粒子的集合体；纳米粒子则表现出有限多原子集合体的特性，如磁体的磁性会变小，半导体中电子的自由路程变短，等等。

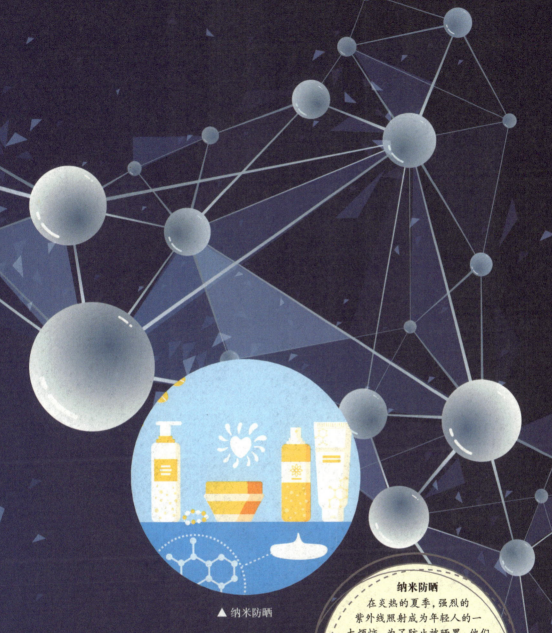

▲ 纳米防晒

物质能量量子化

当粒子的尺寸达到纳米量级时,物质所具有的能量也会发生变化,由连续分布的状态变为产生阶梯状的间隔,这被称为"纳米材料的量子效应"。

纳米防晒

在炎热的夏季,强烈的紫外线照射成为年轻人的一大烦恼,为了防止被晒黑,他们会选择防晒护肤品。防晒护肤品中添加的纳米级氧化锌、二氧化钛,有很好的护肤美容作用,其防紫外线效果优于传统防晒剂。目前,日本已开发出用于化妆品的紫外线屏蔽剂,能使防晒效果更加显著。

纳米半导体材料

纳米半导体材料可以说是传统半导体材料的升级版，在达到原有功能的同时具有更多的优异性能。纳米半导体技术的应用极有可能触发新的技术革命，使人类进入变幻莫测的量子世界。

超微型电子元件

从理论上讲，半导体元件的缩小终将达到一定限度，电路变得非常小，构成电路的绝缘膜变得极薄，最终失去绝缘效果。研究人员正尝试研究新型技术，从纳米尺度解决这些问题。

分解毒物小能手

纳米半导体粒子受光照射时产生的电子具有较强的还原和氧化能力，能氧化有毒的无机物，降解大多数有机物，最终生成无毒、无味的二氧化碳、水等物质。

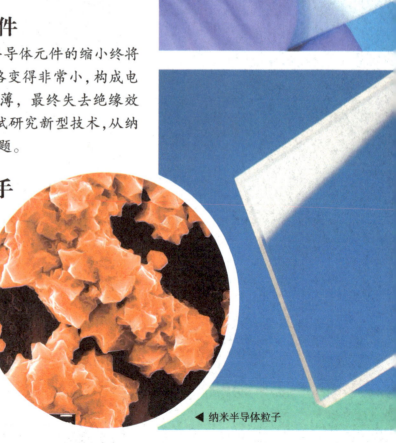

◀ 纳米半导体粒子

新型太阳能电池

利用半导体纳米粒子可以制备出光电转化效率高，即使在阴雨天也能正常工作的新型太阳能电池。

▲ 新型太阳能电池

实现人工光合作用

目前专家研制出的半导体纳米导线，是一种高比表面积的半导体，在吸收太阳光方面非常厉害，可用来实现人工光合作用。

7纳米的芯片极限

我们能够把一个单位的电晶体刻在多大尺寸的芯片上呢？目前芯片的物理极限是7纳米。纳米级先进的蚀刻技术可以减小晶体管间的电阻，降低所需电压，从而使驱动它们所需要的功率大幅度减小，有效降低功耗和发热量。

隔热神奇涂料

半导体隔热涂料是新近发展起来的一种功能性玻璃涂料，有很高的红外屏蔽效果和良好的可见光透过率，能达到透光不透热的神奇效果。

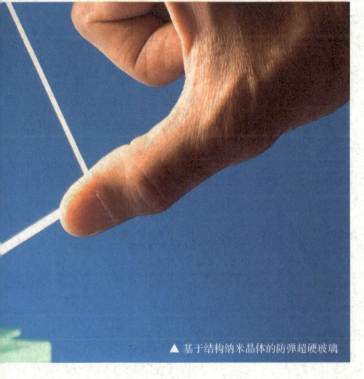

▲ 基于结构纳米晶体的防弹超硬玻璃

纳米粉体材料

纳米粉体材料是纳米材料中最基本的一类。纳米粉体也称纳米颗粒,制成纳米颗粒的成分可以是金属氧化物,还可以是其他各种化合物。

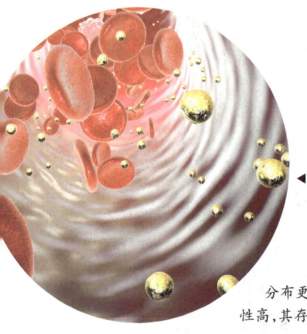

在细胞中自由穿梭

纳米颗粒能够渗透到膜细胞中,并沿人体内大大小小的血管传播,同时还能有选择性地累积在不同的细胞和细胞结构中,达到治疗疾病或者检测生命活动的效果。

◀ 血液中的纳米颗粒设想图

超细粉体工艺难

超细粉体的生产难点主要是防止小颗粒的团聚,以让颗粒的粒径分布更加均匀。此外,由于小颗粒表面活性高,其存储和运输都会比较困难且危险。

▼ 纳米净化水

纳米颗粒促环保

纳米材料被大量用于环境保护、环境治理和减少污染等方面。纳米颗粒可以起到抗菌、防腐、除臭、净化空气、优化环境的作用,还可以吸附重金属离子净化水质,吸附细菌、病毒、有毒离子等。

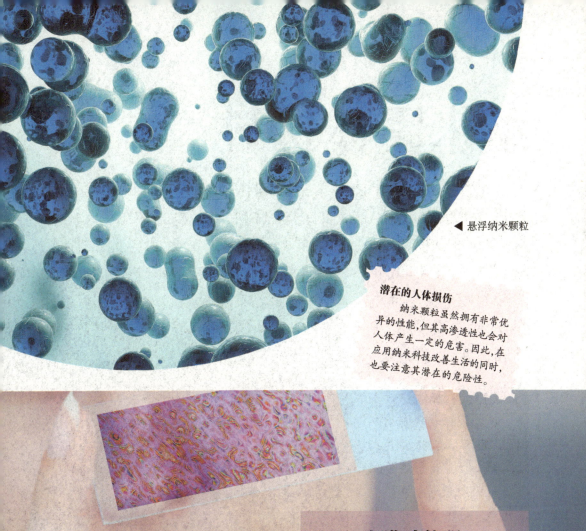

▲ 悬浮纳米颗粒

潜在的人体损伤

　　纳米颗粒虽然拥有非常优异的性能,但其高渗透性也会对人体产生一定的危害。因此,在应用纳米科技改善生活的同时,也要注意其潜在的危险性。

沉积成膜功能强

　　通过计算机可以精确控制纳米颗粒在材料表面的分散,从而得到特殊的功能涂层。由于具体方法不同,涂层有单层和多层之分,并且能够形成不同结构。

▲ 纳米镀膜玻璃

界面结构类型多

　　在种类繁多的界面结构中,纳米粉体材料的界面结构通常处于无序到有序的中间状态,为其自身界面结构类型的变化提供了无限的可能性。

纳米固体材料

纳米固体材料通常是指由超微颗粒在高压或高温处理后所形成的非常致密的固体材料。这种固体材料由非常多的细小颗粒组成，颗粒间会产生非常多的界面，导致材料的原子扩散性能超级好，从而使材料具有非常高的韧性和强度，不易断裂。

高韧性与强度

纳米固体材料具有高韧性，因为其独特的内部结构和特性使得材料能够有效地吸收能量、抵抗裂纹扩展，并在受到外力作用时产生较大的塑性变形。此外，其晶粒尺寸小，具有高比表面积，因此还具有高强度的特性。

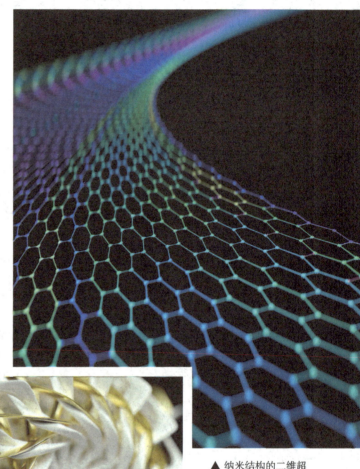

▲ 纳米结构的二维超导体石墨烯的原子结构

◀ 纳米陶瓷发动机

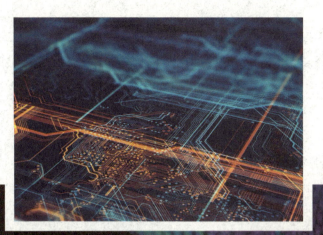

非比寻常的电导率

纳米固体材料的量子隧道效应使材料内部的电子输运反常，因而会使某些合金的电导率大大降低。

◀ 纳米固体材料是超大规模集成电路的设计基础

改善生活的自洁材料

纳米结构的固体材料具有自洁功能。例如：免擦洗玻璃能减轻"蜘蛛人"危险而繁重的日常工作；具有自洁功能的瓷砖会使家居生活更温馨，使繁重的家务劳动变得轻松；具有自洁、抗菌功能的供水管，使用寿命更长，水质污染更小，使生活更健康。

▲ 免擦洗玻璃

超强的敏感性能

纳米固体材料的颗粒界面大，对外界环境温度、光照、湿度等十分敏感，材料表面会因外界环境的改变而迅速变化，因此具有响应速度快、灵敏度高的特点。

强力吸收电磁波

纳米固体材料可以大范围吸收电磁波，吸收率比传统的多晶材料提高了十几个数量级。

纳米金属材料

　　纳米金属材料是指采用纳米级别晶粒构成的金属与一些合金。自诞生以来,纳米金属材料就受到各个领域的关注,因为它"身怀绝技",具有优异的性能。

高强度纳米化金属

　　将金属材料表层纳米化,可以形成高强度、高耐磨的金属纳米材料,金属的强化效果大大提升。

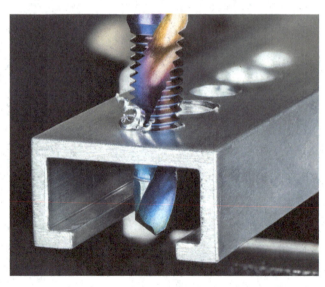

▲ 纳米钛涂层钻头

纳米金属材料的制备方法

　　通过传统金属材料的制备方法很难得到纳米金属材料,目前比较成熟的纳米金属材料的制备方法主要有惰性气体蒸发法、原位加压法、高能球磨法和非晶晶化法等。

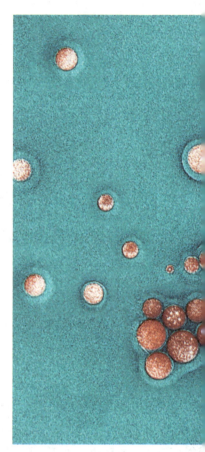

▲ 钴纳米粒子被铝壳包裹

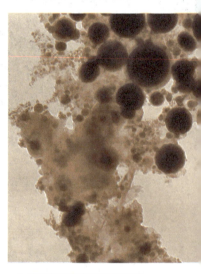

▲ 激光烧蚀制备铁纳米粒子

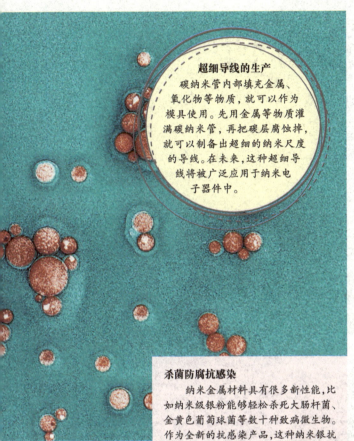

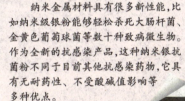

神奇的光学性能

金属因光反射而显现各种颜色。纳米粒子受原本金属结构的影响，对光的吸收能力变得更强，反射能力变弱，所以纳米金属粒子都呈现出非常相近的黑色。

纳米金属复合材料

传统金属材料虽然坚硬，但大多密度较高，非常沉重，不能在满足超强与超韧需求的同时保持比较轻的质量。将纳米材料与金属复合，就可以实现高强度与轻质量的结合。

超细导线的生产

碳纳米管内部填充金属、氧化物等物质，就可以作为模具使用。先用金属等物质灌满碳纳米管，再把碳层腐蚀掉，就可以制备出超细的纳米尺度的导线。在未来，这种超细导线将被广泛应用于纳米电子器件中。

杀菌防腐抗感染

纳米金属材料具有很多新性能，比如纳米级银粉能够轻松杀死大肠杆菌、金黄色葡萄球菌等数十种致病微生物。作为全新的抗感染产品，这种纳米银抗菌粉不同于目前其他抗感染药物，它具有无耐药性、不受酸碱值影响等多种优点。

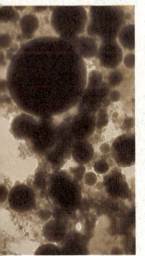

▲ 二氧化钛纳米粒子具有六角晶体形状，常被用于医药、化学、化妆品、造纸等行业

纳米陶瓷材料

陶瓷是良好的绝热材料之一，但传统陶瓷材料质地脆、韧性差，应用范围受到限制。纳米陶瓷的宏观性质发生了很大变化，不仅保持了传统陶瓷绝热好、硬度大的特点，且更易加工，韧性更好。

低温烧结耐高温

纳米陶瓷具有在低温下烧结就可达到细密化的优点，并且在高温环境下仍有超强的稳定性，其防潮、耐水、耐腐蚀、不易脱落，还没有毒性，不会对环境造成污染。

▲ 纳米陶瓷涂料防潮耐水

◀ 使用了纳米陶瓷涂料的汽车外壳

超薄电子陶瓷

为了生产厚度仅为几微米的超薄电子陶瓷，并且保证如此薄的材料仍旧是均匀的，其组成的粒子需要更小的直径，因此人们使用纳米级别的超微颗粒为原材料。

给军队的有力保护

纳米陶瓷具有高韧性，优化了陶瓷材料的抗冲击性能，运用在军事中可有效提高主战坦克复合装甲的抗弹能力。在战争中若能把纳米陶瓷用于车辆装甲防护，会具有更好的抗弹、抗爆震、抗击穿能力，给军队提供更为有力的保护。

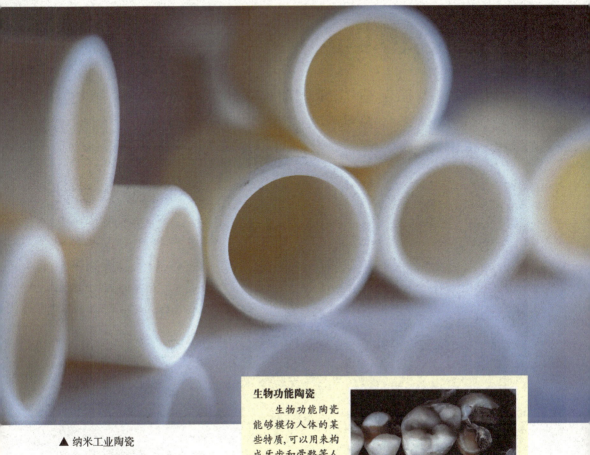

▲ 纳米工业陶瓷

高导热陶瓷

用纳米级别颗粒可制成导热性非常好的精细陶瓷，应用在具有特殊需求的工业用品上，例如轴承及滚球，可以保证一些大型工业机器的高效耐用。

生物功能陶瓷

生物功能陶瓷能够模仿人体的某些特质，可以用来构成牙齿和骨骼等人体器官和组织，甚至有希望部分或整体地修复或替换人体的某种组织器官。传统的人工骨寿命只有8年，而采用纳米技术的陶瓷人工骨在移植后可长久使用，无须更换，为病人减轻了痛苦。

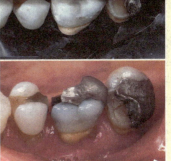

▲ 生物功能陶瓷修复牙齿

超塑性陶瓷

纳米陶瓷具有非常小的晶粒，可以提高陶瓷材料的韧性，内部晶粒之间的超强结合力使其具有超塑性。它的出现将使陶瓷的成型方法发生变革，让复杂形状部件的成型成为可能。

纳米薄膜

纳米薄膜根据结构的不同可以分为颗粒膜与致密膜。颗粒膜是将纳米颗粒粘在一起，中间有极为细小的间隙的薄膜；致密膜是指膜层致密但晶粒尺寸为纳米级的薄膜。

▲ 有纳米涂层的刀具

表面性能大改观

纳米薄膜可以改善一些机械零部件的表面性能，减少振动和摩擦，在降低噪声的同时延长寿命。这种薄膜还可以让刀具更锋利，滑轮摩擦力更小。

有害物质强脱出

纳米滤膜可以用于饮用水处理，除脱出水中金属无机盐使水质软化之外，还能用在脱色、去除农药及致癌物等方面，保证饮用水的安全。

纳米口罩防毒害又透气

作为优质的过滤材料，纳米薄膜在环境保护、科研实验中应用非常广泛，此外，它还可以用在日常生活中。例如，使用了纳米薄膜的口罩，可以很好地过滤细颗粒物及各种病毒、杂质，更具透气性。

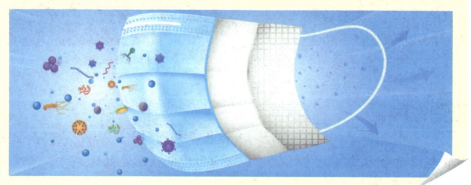

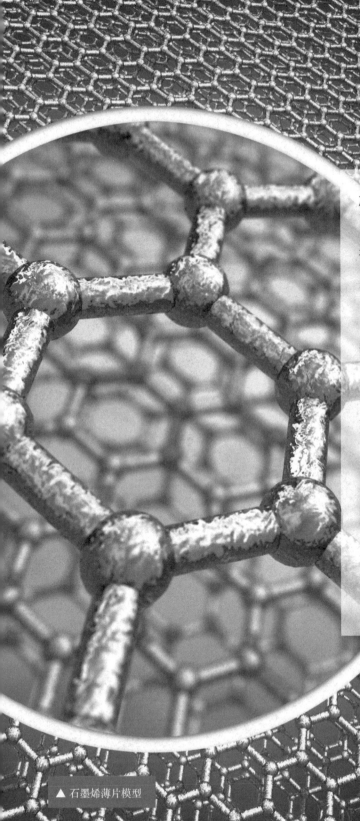

模板制出新材料

在高压下形成的褶皱石墨烯层可以作为模板制作具有褶皱的金属氧化物薄膜，增强金属氧化物的性能，还可用来研制不同性能的超级薄膜及全新薄膜材料。

薄膜储存光信息

近场超分辨纳米薄膜结构可以突破传统技术的极限，实现纳米尺度信息的存储，是下一代海量存储技术的重要发展方向之一，也是纳米光子学研究中的热点。

▲ 石墨烯薄片模型

碳纳米管

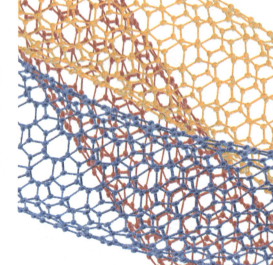

碳纳米管是一种由碳原子组成的一维纳米材料,直径从单纳米到几十纳米不等,长度为几微米,重量轻,六边形结构连接完美,具有许多优异的力学、电学和化学性能。

超级纤维

碳纳米管是已知最坚硬和最强韧的纤维,它的强度比同体积钢高一百倍,重量却只有钢的六分之一到七分之一,因而被称为"超级纤维"。

坚硬却柔韧

碳纳米管的硬度与金刚石相当,却拥有良好的柔韧性,可以拉伸。即使在高压下被压扁,只要撤去压力,碳纳米管就会像弹簧一样立即恢复形状,表现出良好的韧性。

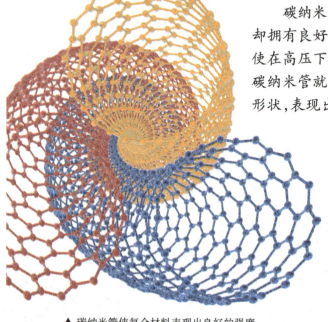

▲ 碳纳米管使复合材料表现出良好的强度、弹性、抗疲劳性及各向同性

▲ 碳纳米管结构内部视图

导电性能

　　碳纳米管具有和石墨相同的片层结构，所以它的导电性能也非常好。还有一些碳纳米管表现出和硅相似的半导体性能，使得它们在纳米电子设备、传感器中具有巨大的应用潜力。

▲ 纳米无线电也被称为碳纳米管无线电，是一种基于纳米技术的无线电发射器和接收器

探测宇宙的奥秘

　　美国国家航空航天局用碳纳米管制作微型化学传感器，用于宇宙化学探测任务。他们还制造了碳纳米管X射线衍射光谱仪，比商业上所用的仪器性能高、功率小，而且体积和重量大大减小，可以放在手掌中，用于探测火星，研究火星的岩石及土壤。

▲ 碳纳米管具有高模量和高强度

优秀的传热材料

　　碳纳米管具有良好的传热性能，将其在材料中同方向排列，可以合成在各个方向上传热速度不同的材料。在不导电的材料中掺杂一点碳纳米管，材料的热导率也会得到很大的提升。

石墨烯和富勒烯

　　石墨是由一层层以蜂窝状有序排列的平面碳原子堆叠而成的，其中只有一个碳原子厚度的单层就是石墨烯。而富勒烯是一系列由碳组成的笼形分子，呈凸多面体形状，大多为五边形或六边形面。

多变多用的石墨烯

　　石墨烯作为一种单原子的碳薄片，可以通过相互黏合形成像铅笔里的石墨那样的固体材料，或卷曲折叠为其他结构。现有形式的碳基本上是由石墨烯片构成的。

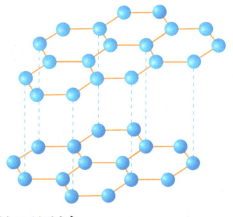

▶ 石墨烯分子

▲ 石墨烯电池

性能超强的石墨烯

　　石墨烯被证实不仅是世界上已发现最薄、最坚硬的物质，而且导电速度极快，远远超过电子在金属导体或半导体中的移动速度；同时，它的导热性也非常好。

▼ 石墨烯分子网络

胶带粘出的新材料

　　石墨烯出现在实验室中是在2004年，英国的两位科学家安德烈·杰姆和康斯坦丁·诺沃肖洛夫将一些石墨薄片的两面粘在一种特殊的胶带上，撕开胶带就能把石墨片一分为二。他们不断地这样操作，使薄片越来越薄，最后得到了仅由一层碳原子构成的薄片——石墨烯。

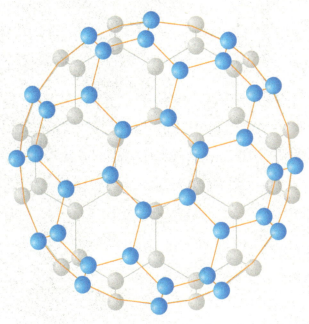

▲ 富勒烯分子

富勒烯的特殊结构

富勒烯是一种完全由碳组成的中空分子。与六元环组成的石墨烯层堆积而成的石墨不同，富勒烯的结构中不仅含有六元环，还有五元环或者七元环，它们共同形成笼状分子。

富勒烯化学

富勒烯特殊的结构和性能，以及人们对富勒烯衍生物和调整其特性的需要，催生了富勒烯化学——专门讨论富勒烯特性的有机化学。

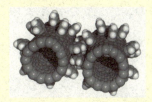

▲ 电脑模拟的富勒烯纳米齿轮

富勒烯的医学奇用

富勒烯是一种强抗氧化剂，它在医学方面的应用被广泛研究。人们可以将特异性抗生素与富勒烯结合，针对耐药细菌甚至困扰整个医学界的癌细胞，研发出更有效的治疗药物。

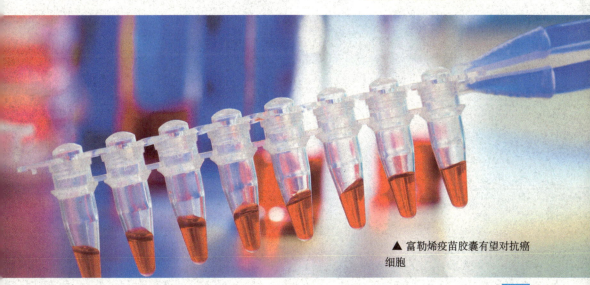

▲ 富勒烯疫苗胶囊有望对抗癌细胞

纳米复合材料

纳米复合材料是以橡胶、陶瓷、金属等作为基体，通过适当的制备方法，将纳米尺度的金属、半导体或者其他无机粒子、纤维等均匀地分散于基体材料中，形成的一系列含有纳米尺度材料的复合材料。

神奇的纳米添加物

在材料中添加纳米级结构，会使它们具备如防水等神奇的特性，在将来的某一天，纳米科技涂层或添加物还有可能使材料具备自我修复的功能。

防紫外线涂层

隔热层

光合作用细菌

防水涂层

自我修复砖

自我修复油漆

自我修复水泥

▲ 具备自我修复功能的新型建筑材料设想示意图

更温馨的新型家居

　　纳米复合材料还可能为家居建筑材料的发展带来一次前所未有的革命,在建筑材料中具有十分广阔的应用前景。未来可移动的整体房屋,包括墙体、门窗、管材、环保涂料、屋面材料、太阳能电池、通风及给排水净化系统等,都可以用纳米复合材料建造。

保护超能核反应堆

　　不同物质之间会产生界面。纳米复合材料中的界面能使其具有抗辐射能力,因此,通过对复合材料的物质和界面进行设计,能达到技术上的重大突破。这种纳米复合材料可以代替不锈钢作为核反应堆的内壁,以延长核反应堆的使用寿命,并能使核燃料得到更高效的利用。

▲ 纳米涂层玻璃结构

新一代纳米纤维

　　把具有特定功能的纳米氧化物填充到纤维中,可以制成功能不同的纤维,从而赋予普通纤维特殊功能,成为新一代化学纤维。

◀ 纳米纤维

复合型超强金属

　　把金属作为基底,碳纳米管作为增强体构成复合材料,可使材料具有轻量化、高强度、高韧性、耐腐蚀和耐高温等优势。这种复合材料已经成为航空航天、国防及汽车等领域关注的热点。

渐变纳米复合材料

　　渐变纳米复合材料是近年来发展起来的新型材料。通过在纳米结构上连续改变两种材料的组成和结构,可以达到一块材料内成分与性质慢慢变化的效果。

纳米技术的应用

纳米材料以它各种奇异的特性为传统技术的全新发展和传统产业的升级换代提供了新的机遇。如今，纳米技术在电子行业、生物医药、环保、光学等领域都有着巨大的应用潜能。

医疗卫生

纳米级别的机器人能被注入人体的血管中，帮助医生为病人检查身体，或者治疗一些难以攻克的疾病；医生还能运用以纳米为单位的手术刀实施精准手术，在为病人祛除病症的同时，使手术给病人造成的伤害程度降至最低。

保护环境

纳米材料可以成为非常高效的过滤材料，在污水通过时快速吸附水中的污物杂质，使水质达到我们能喝的饮用水标准。

军事应用

纳米技术目前广泛应用于各国的军事领域。利用纳米技术特制而成的武器，能达到出乎意料的攻击效果。纳米材料还可作为防弹衣的材料，保护军人的安全。

日常生活

纳米技术也能改善我们日常生活的品质。比如，运用纳米技术制造出硬度更高的玻璃，提升了生活中的安全性；给家里的瓷砖或玻璃涂上纳米薄层，能够减少污渍吸附。

▶ 纳米技术在各行各业的应用

石墨烯

碳纳米管

纳米纤维

纳米涂层

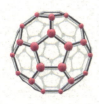

富勒烯

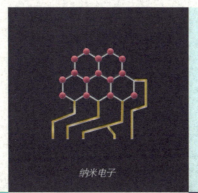

纳米电子

纳米药物

水过滤

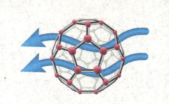

纳米净水器

纳米疗法

纳米太阳能

纳米电池

纳米测量

1~100 nm

纳米传感器

纳米机器人

纳米技术应用中的问题

  随着器件的微型化，纳米技术的应用日渐广泛，但对个人隐私也构成了威胁。如将纳米设备嵌入人体，个人信息和行为习惯会被收集，此外，储存基因和疾病信息的纳米芯片有可能成为企业用人歧视的理由或者成为保险公司限制患者自由参保的砝码。

▲ 纳米塑料泡沫

纳米化工生产

　　在纳米技术飞速发展的背景下，将纳米技术引入化工生产领域，能够更好地满足化工产业的生产需求，充分推动纳米技术优势的发挥，不仅能实现生产效益的改善，还能有效确保化工生产的品质。

强力催化

　　催化剂在化工领域中起着举足轻重的作用，它可以控制反应时间，提高反应效率和反应速度。纳米催化剂可大大提高反应效率，甚至使原来不能进行的反应也能进行。

纳米催化天然气转化

　　天然气是优质高效的清洁能源，主要成分为甲烷。它的选择活化和定向转化是当今催化领域中的一个难题。中国科学家研制的纳米催化剂可以将甲烷直接并高效地转化为乙烯等有机分子，降低污染和能耗，提高能源利用率。

强韧塑料

在塑料中添加一定的纳米材料,可以加大塑料的强度和韧性,也可以提高塑料的致密性和防水性;把纳米二氧化硅加入密封胶和黏合剂中,能使它们的密封性和黏合性都大为提高。

超级橡胶

在橡胶里加入纳米二氧化硅可以提高其抗辐射能力,而将纳米氧化铝加入普通橡胶中可以使其更耐磨,弹性也明显优于传统橡胶。

▶ 纳米橡胶

多功能涂层

纳米材料使得表面涂层的性能更加优越,材料的功能大大提升。添加纳米材料获得的纳米复合体系涂层,实现了功能的飞跃,改善了传统涂层的功能。

拒绝液体的涂层

美国密歇根大学和空军研究实验室合作开发出一种新型纳米涂层材料,其中95%以上是空气,能排斥上百种液体。把这种材料涂在纱网或织物上,其表面可形成一种对液体的弹力。研究人员将这种纳米涂层称为"超疏水表面"。

▲ 拒水纳米涂层

纳米加工技术

纳米级精度的加工和纳米级表层的加工,即原子与分子的去除、搬迁和重组,是纳米技术的主要内容之一。纳米加工技术担负着支持最新科学技术进步的重要使命,也促进了材料科学的发展。

功能集大成者

纳米加工技术可以将不同材质的材料集成在一起,形成纳米集成器件,这种集成器件既具有芯片的功能,又可探测到电磁波信号,同时还能完成电脑的指令。

▲ 磁性纳米颗粒的化学合成

纳米微型工厂

随着纳米技术的发展,出现了一种"装配工"般的微型装置,它如同微型的工厂装配线,用来生产纳米材料。这些纳米材料制成的新产品将彻底改变建筑、医学行业,甚至影响太空探索。

纳米芯片加工

无论是电脑、手机还是电视，一切电子设备运行靠的就是小小的芯片。简单来说，芯片之于电子设备如同发动机之于汽车。指甲盖大小的芯片上有数千米的导线和几千万甚至上亿根晶体管，而这一切都离不开纳米加工技术。

集成电路之父——杰克·基尔比

1958 年 9 月 12 日，美国物理学家杰克·基尔比研制出世界上第一块集成电路，成功实现了把电子器件集成在一块半导体材料上的构想，为开发电子产品的各种功能铺平了道路，并且大幅度降低了成本，使微处理器的出现成为可能，开创了电子技术历史的新纪元。

化学生产大分子

用纳米探针进行机械合成，很难同时组装数目巨大的纳米结构和器件，所以研究化学合成方法非常重要，可以大批量地把微观体系的物质单元组装成纳米器件。

▲ 纳米电路板

微型机电系统

现代的微型机械已经可以制造多种微型零件和微型机构，在此基础上发展出的微型机电系统，是纳米加工技术走向实用化的重要领域。

◀ 微芯片将促使计算机及通信产业更新换代

超精密机械加工

超精密机械加工是 20 世纪 60 年代为了适应核能、大规模集成电路、激光和航天等尖端技术的发展需要而出现的精度极高的加工技术，其加工精度比传统的精密加工提高了一个数量级以上。

纳米芯片的地基

科学家形象地称硅晶圆为纳米芯片的地基，电路图无论被设计得如何精密、复杂，最终都要叠加到它的身上。硅晶圆最初的模样我们都见过，也就是我们所熟悉的沙子，它的主要成分是二氧化硅。加入碳，在高温作用下，二氧化硅转化为纯度约为 99.9% 的硅，经过熔炼，从中拉出铅笔状的硅晶柱，由钻石刀将硅晶柱切成圆片抛光后，便形成了硅晶圆。

钻石做工具

美国于 1962 年研制出使用金刚石刀具的超精细切削机床，实现了激光核聚变反射镜、天体望远镜和计算机磁盘等精密零件的加工，为纳米加工技术奠定了基础。

▲ 微芯片调试

超高精度机床

大到国防武器、航母舰船的关键零部件，小到手表齿轮、各类精密仪器，都无法脱离高精度机床。随着对新材料的研发，对超高精度机床的研制也有了更高的要求。

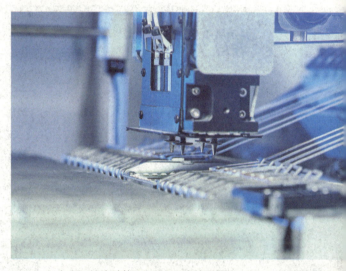

▲ 用于生产计算机电路板的高精度设备

纳米盖章压印

纳米压印技术的概念源自我们日常生活中盖印章的行为，它可以在非常小的尺度上将原来在"印章"上的图形压印到另外一件物体表面。

制造检测并行

纳米级别超精细加工技术的竞争不仅在于制造本身，也在于检测技术，因此，纳米加工与检测仪器设备的研发及产业化逐渐成为纳米科技的竞争核心。

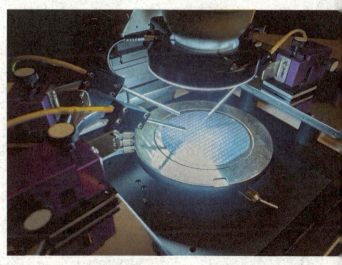

▲ 纳米技术芯片测试设备

原子操纵技术

原子操纵技术指按人的意志抓获、移动、安排一个个原子，构造出具有独特性质的各种物质，是一种从物质的微观层面入手并以此为基础构造微结构、制作微机械的方法。

可见才可控

纳米技术的进步建立在显微镜的进步上。扫描隧道显微镜使研究人员能通过拾取和移动单个原子来操纵它们。

针尖推动原子

将扫描隧道显微镜的探测针尖下移，使针尖顶部的原子和表面原子的"电子云"重叠，产生一种与化学键相似的力，这种力足以在一定场合下操纵表面原子。

划出单原子链

连续有序提取单个原子，可以加工出两条相隔一个原子宽度的单原子细线，两条单原子细线之间所留下的原子会自动重新组合，构成一条间隔均匀的直线单原子链。

生产小型化

纳米技术能够利用单个原子、分子来制造物质，也就是说，纳米技术的问世能使制造物小化到分子甚至原子尺度，这是人类生产历史上的一大里程碑式的进步。

纳米工厂

　　纳米工厂是第一代分子制造的标准应用，能够以原子精度指定产品的组成。分子制造是一种未来技术，它通过"纳米组装器"使用一种被称为聚合组装的工艺来合成宏观规模的产品。一条逐渐变大的机械臂装配线组装产品子组件，并将其传递到下一阶段更大的机械臂上，直到创造出可供人类使用的产品。

光镊之父——亚瑟·阿什金

　　因成功探索如何利用激光束抓取粒子、原子、分子和活细胞，以进行更深入的研究，美国科学家亚瑟·阿什金获得2018年的诺贝尔物理学奖，他称自己的发明为"光镊"。阿什金的"镊子"是用一束通过微小的放大镜制造出来的具有相干性的单色激光。透镜为激光创造了一个焦点，粒子被吸引到焦点附近并被固定在那里，不能移动。

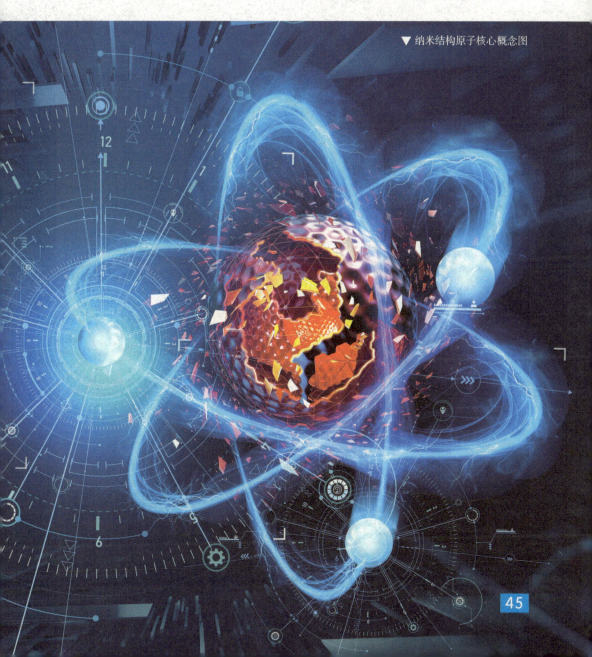

▼ 纳米结构原子核心·概念图

纳米测量技术

纳米测量技术涉及纳米尺度的评价、成分、微细结构和物性的纳米尺度测量，该技术是在纳米尺度上研究材料和器件的结构与性能、发现新现象、发展新方法、创造新技术的基础。

旧方法新应用

在传统的测量方法基础上，用先进的测试仪器可以解决应用物理和微细加工中的纳米测量问题，并分析各种测试技术，以提出改进措施或新的测试方法。

新技术新概念

新的测量技术发展需要建立在新概念基础上，利用微观物理、量子物理中最新的研究成果，将其应用于测量系统中，成为未来纳米测量技术的发展趋向。

原子力显微镜

原子力显微镜是除扫描隧道显微镜外的另一种可用来研究包括绝缘体在内的固体材料表面结构的分析仪器。它通过检测待测样品表面和一个微型力敏感元件之间的极微弱的原子间相互作用力，来研究物质的表面结构及性质。

将一对微弱力极端敏感的微悬臂一端固定，另一端的微小针尖接近样品，通过其相互作用，使微悬臂发生形变或运动状态发生变化。扫描样品时，利用传感器检测这些变化，就可获得作用力分布信息，从而以纳米级分辨率获得表面形貌结构信息及表面粗糙度信息。

▶ 原子力显微镜

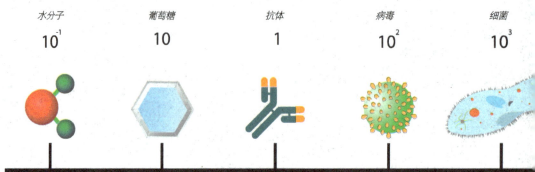

水分子	葡萄糖	抗体	病毒	细菌
10^{-1}	10	1	10^2	10^3

重视测量环境

　　纳米测量中存在的一些问题限制了它的发展，不同的测量方法中需要的测量环境也是不同的，建立相应的测量环境一直是实现纳米测量亟待解决的问题之一。

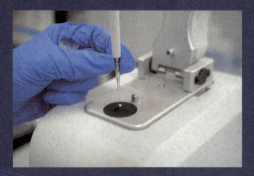

▲ 研究人员将 2 微升的样品滴在底座上，在实验室中使用纳米滴分光光度计测量 RNA 的浓度和质量

发展微观理论

　　纳米测量技术对微观理论的发展产生了重要影响。纳米测量技术提供了在纳米尺度上精确测量物质性质的能力，这为微观理论的研究提供了更多准确的数据。

▼ 纳米经常被用来表示原子尺度上的尺寸

癌细胞 10^4

铅笔尖 10^5

一个句号 10^6

硬币 10^7

网球 10^8

纳米制备技术

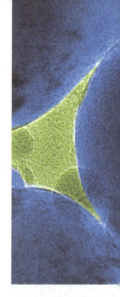

随着纳米科技的发展,纳米材料的制备方法已日趋成熟。纳米材料的制备方法有许多种,主要可分为物理制备法和化学制备法两大类,而化学制备法又可细分为化学气相法和化学液相法。

物理制备法

物理制备法是最早被采用的纳米材料制备方法,其通常使用高强度的外部能量来迫使材料细化,从而得到纳米材料。但这类方法耗能过高,不太适合大量使用。

化学气相法

化学气相法是制备纳米材料最有效的方法之一,其通常利用金属化合物在气态下的化学反应来合成纳米材料。这样合成出来的纳米材料纯度会更高。

化学液相法

化学液相法是将呈液态的物质投入液体环境中,而后产生化学反应,从而得到纳米材料的一种方法。这种方法目前深受实验室和工业生产线的青睐。

纳米材料的应用

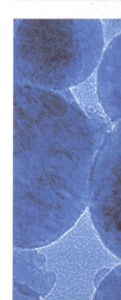

纳米材料在日常生活中并不少见。例如:将纳米材料制成防水布料,这些布料可做成衣服或雨伞;将纳米材料用于机器人制造,可使机器人进行更细微精确的操作。相信在未来,纳米材料还将涉足更多领域,给人们带来更多便利。

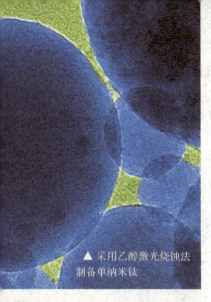

▲ 采用乙醇激光烧蚀法制备单纳米钛

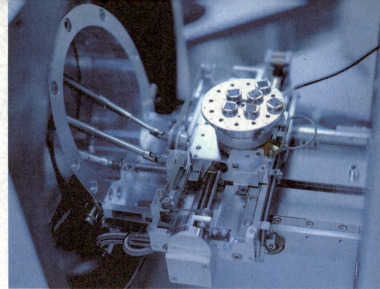

▲ 科学家在实验室为扫描电子显微镜(SEM)机器制备纳米材料

农药的瞬时纳米制备

　　纳米农药的粒径小、比表面积大，可以把微量的农药效果放大，是实现农药减量增效的有效途径之一。采用瞬时纳米制备技术可以快速得到具有尺寸更小、分散更窄、稳定性更高的农药产品。

▲ 采用激光加热法制备氧化钒纳米线

▼ 在重水中激光烧蚀制备金纳米粒子

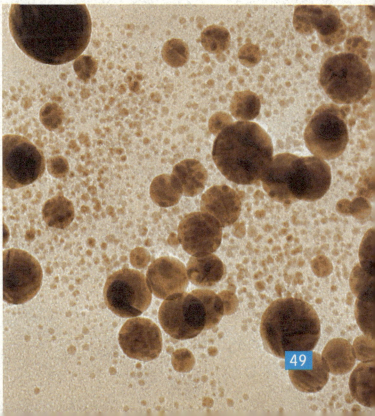

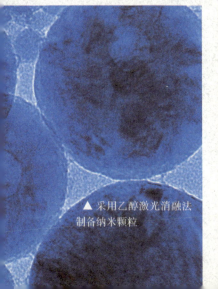

▲ 采用乙醇激光消融法制备纳米颗粒

纳米电子学

　　纳米电子学是指以纳米尺度材料为基础开展器件制备、研究和应用的电子学领域，由于量子尺寸效应，纳米材料和器件中电子的形态具有许多新的特征。当前电子技术的趋势要求器件和系统有更小的体积、更快的运行速度、更低的功耗。

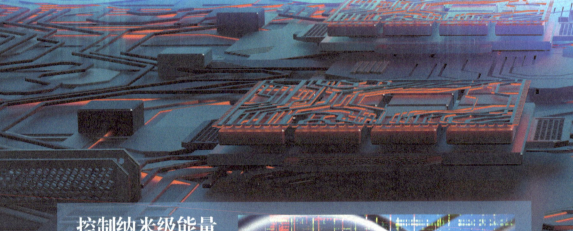

控制纳米级能量

　　要做出更小的电子器件，就必须控制纳米级别的能量。为此，科学家制造出很小的类似层状蛋糕的结构，也就是"量子势阱"，来控制电子器件内部的能量流动。

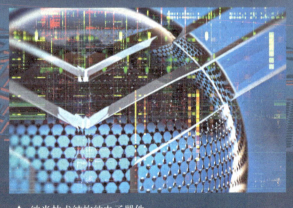

▲ 纳米技术结构的电子器件

"由上到下"与"由下到上"

　　要制备纳米电子器件,并且实现集成电路,有两种可能的方式:一种是将现有的电子器件、集成电路进一步向微型化延伸,研究开发更小线宽的加工技术来加工尺寸更小的电子器件,即所谓的"由上到下"的方式;另一种是利用先进的纳米结构的量子效应直接构成全新的体系,使用全新的原理和计算方法,即所谓的"由下到上"的方式。

实现批量生产

　　要降低纳米技术的成本,生产真正实用的产品,一次组装一个纳米结构是远远不够的,这就要求纳米结构能被迅速大量地组装出来,实现机械化组装。

纳米级模拟计算

　　纳米操纵器的研究需要将实验放到一个计算机产生的虚拟环境中,并进行实时的模拟检测,以及非常复杂精细的科学计算,这就要求实施更加迅速、敏感的量子模拟。

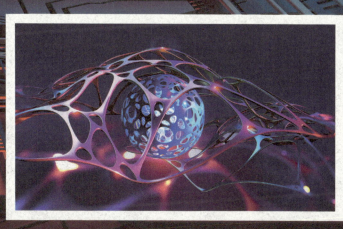

▲ 纳米技术未来处理器"茧"概念图

纳米电子器件

纳米电子器件指利用纳米级加工和制备技术，设计制备而成的体积非常小但功能更加强大的电子器件。纳米材料在电子器件中的应用十分广泛，不仅能够满足信息产业日益增长的对小体积、高性能的需求，还能够降低设备的能量消耗。

微型集成电路

集成电路一直是电子信息产业的基础和核心，纳米技术使得电子器件可以做到更小、更智能、更可靠，并且能量消耗也更少。

超级计算机

超级计算机需要处理大量数据和执行复杂的计算任务，所以需要更高性能的硬件支持。纳米电子器件的发展为超级计算机提供了更强大、更高效的硬件基础。应用了纳米技术的存储器可以在变得更小的同时储存更多的信息，而应用了纳米技术的运算器能够达到普通运算器难以企及的运算速度。

微型飞行器

这种微型飞行器长度只有3~5厘米，但能持续飞行1小时以上，既可在建筑物中飞行，也可附在建筑物或设备上开展侦察、收集情报信息等方面的工作。

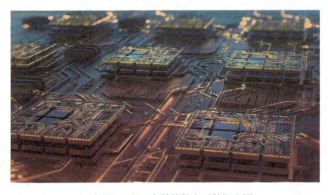

▲ 纳米处理器和高科技数字元件概念图

碳纳米管触摸屏

传统触摸屏的生产中用到了很多稀有矿产资源，这使手机、电脑等我们常用的电子设备成本非常高；而碳纳米管触摸屏的发明不仅降低了生产成本，生产过程也更加节能环保。此外，这种新型触摸屏还具有更柔软、更防水、抗干扰、耐敲击等特性，应用范围更广。

单个分子做器件

如今，科学家已经可以利用单个分子构建一些电子器件，并应用在计算机领域中，比如通过光的刺激来控制分子导电性的差异，从而构建单分子的光电子开关器件。

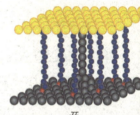

关 　　　　　　　　开

▶ 银纳米开关：当金导体（顶部）和银导体（底部）之间的电压超过临界点时，银离子像闪电一样迅速聚集，快速通过有机分子单层弥合间隙

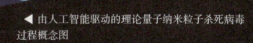

◀ 由人工智能驱动的理论量子纳米粒子杀死病毒过程概念图

生物芯片

科学家通过将电子芯片和活细胞结合在一起开发出了生物芯片。生物芯片虽然体积非常小，但运行速度要比目前的集成电路快得多。

微机电系统

微机电系统是指微型电路和一些机械元件在芯片上集成的智能系统,可以达到一些非常精细的功能要求,尺寸通常在毫米或微米级。自20世纪80年代中后期崛起以来,其发展非常迅速。

微型系统

与一般的机械系统相比,微机电系统器件不仅体积小、质量轻,还拥有耗能低、反应快等优点,而且具备很多传统机器没有的功能。

▶ 生物医学微机电系统芯片实验室的设备(概念设计)

功能集成

微机电系统可以按照人们的需要,把具有不同功能、不同敏感程度的多个传感器或执行器集成于一体,形成一个复杂的微系统,共同完成科学家分配的任务。

机器感官

微机电系统几乎可以实现人体所有感官功能,包括视觉、听觉、味觉、嗅觉、触觉等,可用于健身手环或智能手表中,对人体各类健康指标进行监测,采样精度、速度和适用性都可以达到较高水平。由于其体积优势,甚至可直接植入人体,是医疗辅助设备的关键组成部分。

批量生产

微机电系统可以用一种类似集成电路的生产工艺，在一块硅片上同时制造成百上千个微型机电装置，达到极高的自动化程度，大大降低生产成本。

胶囊内视镜

胶囊内视镜是一种把摄像机缩小到一定程度后放到医用胶囊里的内视镜，如同遨游人体的"飞船"，来帮助医生诊断病情。从外表看，它与普通胶囊区别不大，但它可以窥探人体肠胃和食道部位的健康状况。患者吞服后，胶囊沿其消化道运行，并将拍摄的图像传给医生。

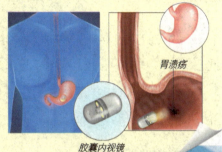

胃溃疡

胶囊内视镜

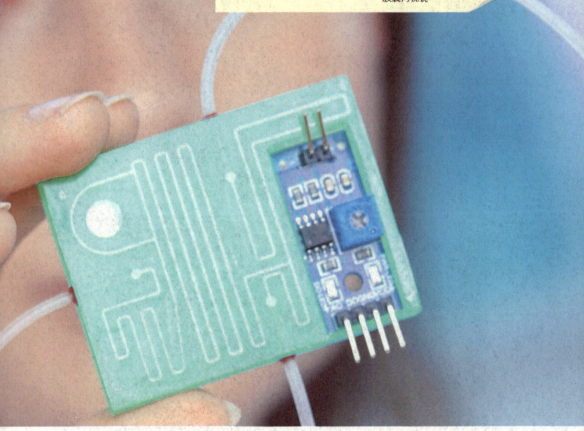

方便拓展

微机电系统采用的是模块化的设计，也就是说，每个小模块拥有不同的功能，因此消费者可以根据自己的需要进行自由选择，想要替换或增加功能也非常方便。

纳米传感器

纳米材料的高敏感度还能使其成为绝佳的传感器材料。利用纳米技术制作的传感器，尺寸减小、精度提高、性能大大改善。纳米传感器的应用极大地丰富了传感器的理论，推动了传感器的制作水平，拓宽了传感器的应用领域。

环境监测

空气质量是环境监测的一个重要指标。气敏传感器可以用来检测一定范围内气体的成分和浓度，在环境保护和安全监督方面起着极其重要的作用。

智能吸附与检测

一些纳米薄膜可以借助其非常大的比表面积掺入活性材料，来拥有吸附特定气体的特性，这种特性也叫"气敏特性"。在吸附了相应气体以后，纳米薄膜还能产生物理参数的变化，因此是制作气敏传感器来检测气体中特殊成分的极佳材料。

◀甲烷气敏传感器

▼气敏传感器可将气体种类及其与浓度有关的信息转换成电信号，人们根据这些电信号的强弱就可以获得与监测气体在环境中的存在情况有关的信息，从而展开监测、实施监控、及时报警

医疗健康

　　纳米传感器还可用于检测人体器官的健康状况。人生病时，血液中会产生一些特殊的成分。医生利用纳米传感器对其进行检测，能够了解人体的健康状况，甚至能够检测出被细菌污染的细胞是否健康。

◀ 纳米生物和化学传感器及其他设备可用于检测人体器官的健康状况

给肿瘤贴标签

　　细胞癌变后，表面会产生相应的变化，形成特异性受体。设计出纳米磁性颗粒使其与肿瘤表面的受体结合，医生就能在病人体外用仪器测定肿瘤在体内的分布情况，确定肿瘤的大小和位置。

▶ 附着纳米材料的光敏传感器

高精度成像

　　纳米传感器可以非常灵敏地测量环境中的光。在光学传感器表面附着一层无毒的纳米材料，就可以监测环境中的光学变化并呈现清晰的图像。

国防军事

　　国防军事中应用的某些纳米传感器可以检测爆炸物或有毒气体，根据气体分子的质量来区分有害气体和危险物，从而保护军人的安全。

纳米计算机

纳米计算机指将纳米技术运用于计算机领域而研制出的一种新型的高性能计算机。应用纳米技术研制的计算机内存芯片不仅几乎不需要耗费任何能源，而且性能要比传统内存芯片更强大。

▲ 晶体管微芯片制造工艺

降低芯片成本

采用纳米技术可以降低芯片的成本，因为它既不需要建设超洁净生产车间，也不需要昂贵的实验设备和庞大的生产队伍，只要在实验室里将设计好的分子合在一起，就可以造出芯片。

首台纳米计算机

2013 年 9 月 26 日，斯坦福大学宣布，人类第一台基于碳纳米晶体管技术的计算机已经成功测试运行。这个实验的成功证明了人类有希望在将来摆脱当前硅晶体技术，生产出一种新型的计算机设备，硅作为计算机时代的"王者"地位或将不保。

▲ 纳米技术的微芯片

▼ 数据流中的信息块、大数据概念图

大数据处理

现代技术的发展会产生前所未有的庞大信息数据，这些数据可以通过纳米技术被处理和利用，例如，利用大数据改善交通拥堵和防止事故发生，或将统计数据用于调配警力资源，降低犯罪率。

提升计算可靠性

　　纳米技术可以创造出一种记忆力超强的芯片，用来储存极其庞大的数据，同时也能促进高度有效的运算法则发展，在确保可靠性的前提下处理、加密和传送数据。

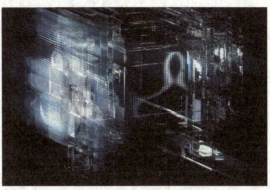

▲ 超现实技术量子纳米计算机的发光玻璃晶体管、微芯片和处理器概念图

连接大脑与机器

　　纳米传感器在物联网中同样具有非常大的应用前景，通过融合人工智能和纳米技术，有望进行大脑与机器之间的深度交互，实现如同科幻片中的"外脑"功能。

脑机接口

　　脑机接口是指在人或动物大脑与外部设备之间创建的直接连接，从而实现脑与设备的信息交换。可以靠直接提取大脑中思考产生的神经信号来控制外部设备，在人与机器之间架起桥梁，依靠意念指挥机械，例如残疾人可以利用机械手臂生活，甚至自由弹唱。

▲ 人工神经网络概念图（在电子网络空间中，神经节点通过信号链相互连接）

纳米机器人

纳米机器人是在纳米尺度上应用生物学的原理和发现的新现象所制作的能完成特殊任务的分子机器人。这种机器人可以凭借自身超小的体积，在人体医疗、军事等方面发挥非常重要的作用，是未来科技发展的重点研究方向。

探知生命信息

利用纳米机器人可以在纳米尺度上了解生物大分子的精细结构和它们之间的联系，获得生命信息，例如利用扫描隧道显微镜可以观察细胞膜，研究细胞内部的微观结构等。

纳米手术机器人

纳米手术机器人的长度约是普通人头发直径的十万分之一，它依靠微小的电容器提供能量，可在血液中游走。其体内装有有效载荷，头部为微型摄像机，用于发现目标，也可在细胞内移动，撞击细胞结构，甚至通过从内部机械操纵细胞来治疗癌症、执行细胞内手术或直接将药物递送到活组织。

提供军事效用

纳米机器人有重要的军事价值。在沙粒、昆虫、蜂鸟中植入纳米机器人，可以用来执行军事任务，在敌方浑然不知的情况下搜索重要情报。

◀ 军用纳米机器人设想图

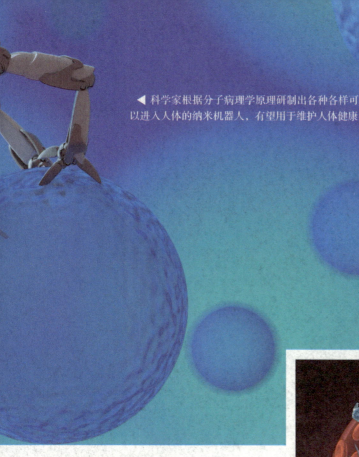

◀ 科学家根据分子病理学原理研制出各种各样可以进入人体的纳米机器人，有望用于维护人体健康

分子马达

　　分子马达是微型机器人的核心元件，由生物大分子构成并利用化学能进行机械做功。分子马达加入一些特殊的官能团后可以实现多种功能，如制作探测有害物质的微型传感器，在生物芯片中实现液体混合，将药物分子输送至特定位置，在人体细胞内释放药物等。

监测身体健康

　　科学家们设想在未来创造大量纳米机器人，让它们自动且不间断地在人体内巡逻，寻找各种疾病信号，并收集症状信息，帮助医生做出更为精确的诊断。

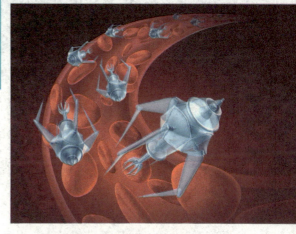

▲ 纳米机器人在血管里巡逻设想图

▼ 纳米机器人识别并杀死癌细胞设想图

治疗人体疾病

　　纳米机器人可以用于医疗事业，达到帮助人类识别并杀死癌细胞以治疗癌症的目的，还可以帮助人类完成外科手术，疏通栓塞的血管等。

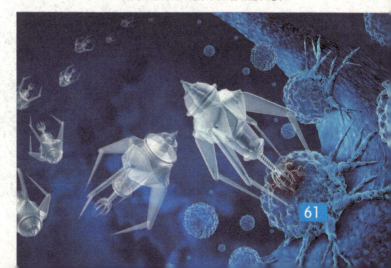

▲ 纳米飞行器探索宇宙设想图

纳米飞行器

　　纳米飞行器是一种以克为质量单位的自动化太空探测器，可以在短短几分钟内加速到光速的五分之一，也就是每秒钟能够飞行六万千米。

整体结构

　　科学家们设想，纳米飞行器主要由两部分构成：计算机芯片大小的"星芯片"和不过几百个原子那么厚的"太阳帆"。其中，星芯片上携带着摄影、导航和通信等设备。

▲ 纳米飞行器

纳米星芯片

计划建造的纳米飞行器以电脑芯片"星芯片"为船体，仅有硬币大小，重量只有几克，但集成了摄像机、光子推进器、导航和传输部件，是具有完整太空探测功能的飞行器。

提供动力的太阳帆

太阳帆是纳米飞行器中提供推力的结构，靠太阳光的光压推动帆面。太阳帆的面积非常大，因此要先将太阳帆折叠起来，用火箭带入太空后再展开。

"突破摄星"计划

"突破摄星"是霍金于2016年4月宣布启动的一项革命性太空计划，项目的目标是开发数千个邮票大小的纳米太空飞船，飞往离我们最近的恒星系——半人马座阿尔法星系，并发回照片。如果获得成功，那么科学家就可以判断该星系是否包含类似地球的行星，以及是否有生命存在。

◀ 未来宇宙飞船设想图，巨大的太阳帆正在地球轨道上进行测试

纳米技术飞行器

美国国防部高级研究计划局在积极进行纳米技术应用于微型飞行器的开发研究。这类飞行器体积微小，不易被发现，并可安装遥感、导航、通信装置和图像传感器等设备。

▲ 遥控纳米飞行器上配有小型摄像机

63

纳米武器

纳米技术的迅猛发展，特别是微机电系统初步设计的成功，为军事科技工作者研制纳米武器奠定了技术基础。有专家预测，由于纳米技术的开发，微型武器将在未来充斥战场，这些未来武器组配起来，能建成一支独具一格的"微型军团"。

"蚊子导弹"加入战斗

利用纳米技术制造的小如蚊子的微型导弹，可以起到神奇的战斗效果，不知不觉地潜入目标内部，其威力足以炸毁敌方火炮、坦克、飞机指挥部和弹药库。

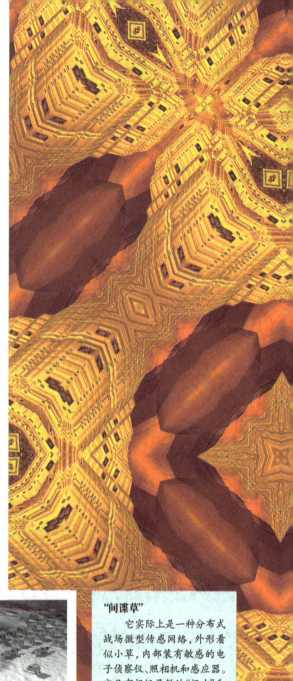

"间谍草"

它实际上是一种分布式战场微型传感网络，外形看似小草，内部装有敏感的电子侦察仪、照相机和感应器。它具有超级灵敏的"视力"和"听力"，可以探测出坦克等装甲车辆行进时产生的震动和声音，并将情报传回指挥部。

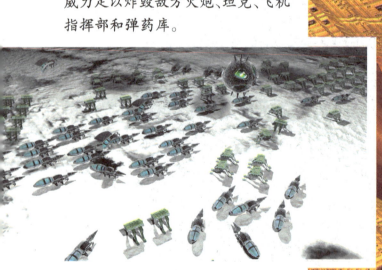

▲ 由微型机器人组成的纳米技术作战部队设想图

袖珍遥控飞机

它是一种苍蝇大小的飞机,可以平稳地起降于花朵或树叶上。由于机上装有感应器,它既可闻出柴油机排出的废气,也可在夜间拍摄红外照片,把最新情报传回数百千米外的基地,或把敌军坐标传回导弹发射阵地。

"袖珍飞机"无所不在

利用纳米技术可以制造苍蝇大小的袖珍飞行器。这类飞行器携带各种探测设备,具有信息处理、导航和通信能力,能秘密到达敌方信息系统和武器系统的内部或附近,监视敌方情况。

▲ 袖珍遥控飞机

"蚂蚁士兵"大显神通

利用纳米技术可生产出通过声波控制的微型机器人,这种机器人如蚂蚁般大小但具有惊人的破坏力。它能通过各种途径钻进敌方武器装备,或搜集情报,或用炸药炸毁电脑网络和通信线路。

▶ 纳米机器人装置设想图

◀ 纳米技术装甲概念图(这是一组用于保护人类的纳米机器人)

"纳米卫星"布满天空

这种卫星比麻雀略大,重量不足0.1千克,各种部件全部用纳米材料制造,采用最先进的微机电一体化集成技术整合,具有可重组性和再生性,成本低、质量好、可靠性强。

纳米航天

从纳米材料的特性出发，结合航天产品的发展趋势和特点，可以看出纳米材料在航天领域具有较大的应用前景。当前重点发展的两个方向是航天员离开地球所必需的先进生命保障设备和辐射防护技术。

建造飞行器

科学家充分利用碳纳米管抗拉强度高、导热和导电能力强的特点，将其用在飞行器的设计上，使现代飞行器性能得到革命性的提升。

外太空探测器

科学家研制出的用于太空探测的高性能微型飞行器，能够进入行星大气，并在行星表面移动，探测行星上特殊的环境。

连接宇宙的"天梯"

科学家提出运用纳米技术制造太空电梯"天梯"的宏伟设想，使用一根缆绳，一端同地球赤道上的漂浮平台相连，另一端固定在地球同步轨道以外的太空中。"天梯"利用电子升降机沿缆绳上下往返，把卫星、飞船和其他装置送入环绕地球的轨道。

▶ 纳米无人机探索宇宙设想图

▼ 银纳米粒子宇宙飞船设想图

分析宇宙物质

现代新型传感器具有无线、快速、超敏感和非侵入式的优点，可以装在太空探测器上用于科学研究，也适用于现场分析和机器人操作。

▲ 人类探索太空和海洋时，离不开各种各样的传感器

保障航天员安全

宇宙中有很多未知的高能射线，会使长期在太空航行的航天员的生命安全受到威胁。利用纳米技术可以提高航天员生存环境的抗辐射能力，有助于航天员缓解或克服因长期在太空工作而引起的不适。

保护航天员的归程

航天服中 10 毫米厚的纳米材料可以帮助航天员承受 1400℃ 的超高温和 −130℃ 的超低温。这种材料可以隔绝飞船返回舱穿越大气层时，因高速飞行产生剧烈摩擦而引起的高温，保障航天员安全返航。

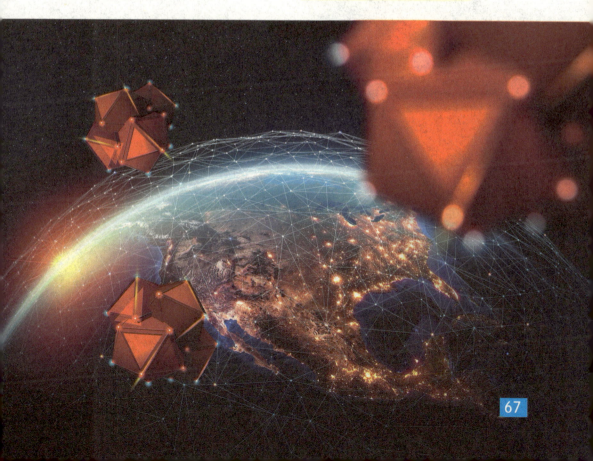

纳米卫星

纳米卫星是指尺寸减小到最低限度，重量低于 10 千克的现代小卫星，又叫毫微卫星。纳米卫星的特点是单颗卫星体积小并且功能单一，但通过精密的设计可以形成一种分布式的星座结构，多颗卫星组成星座后可实现并超越一颗大型卫星的功能。

纳米卫星的产生

纳米卫星的概念最早是由美国宇航公司于 1993 年在一份研究报告中提出的，它带来了从传统大型卫星到小卫星设计思想上的根本变革。

◀ 纳米卫星主要应用在通信、军事、地质勘探、环境与灾害监测、交通运输、气象服务、科学实验、深空探测等领域

内部结构与组成

纳米卫星由很多层的硅圆片组成，其中内层充满了各种电子器件，最终通过一种分散的星座式结构实现卫星组网工作。

纳米卫星助力通信

自世界上第一颗人造卫星"斯普特尼克 1 号"于 1957 年搭载无线电发射机升空以来，各种规模的卫星一直在全球通信基础设施中发挥着重要作用。我们对卫星通信的依赖与日俱增，到 1990 年，每 3 个洲际电话中就有 2 个由通信卫星传送。如今，相关机构已经在使用纳米卫星来填补互联网覆盖范围。

▲ 纳米卫星的应用前景非常广阔，但要真正应用于现实还有很长的路要走

纳米卫星的优点

纳米卫星具有造价低、能快速发射等优点，并且更新换代更快，还能够多星共同工作，可以广泛应用于通信、遥感、天文等领域，也特别适用于局部战争中的战区通信和短期侦察等。

宇宙科研更便利

纳米卫星使得那些要在宇宙空间进行的科研项目的实施变得更便捷。生物学家使用纳米卫星来了解重力对生物的影响：通过美国国家航空航天局的立方体卫星发射计划（CSLI）发送到太空的"孢子卫星项目"，研究了重力对蕨类繁殖孢子的影响。

▶ 纳米卫星特别适合稀路由、非实时的低成本通信应用，如电子邮件、传真、电报、数据传输等业务

商业化发展空间巨大

纳米卫星的研制将不再需要大型的实验设施和厂房，可以在大学或研究所的实验室里展开，成本的降低将促进其商业化，为国家经济做出贡献。

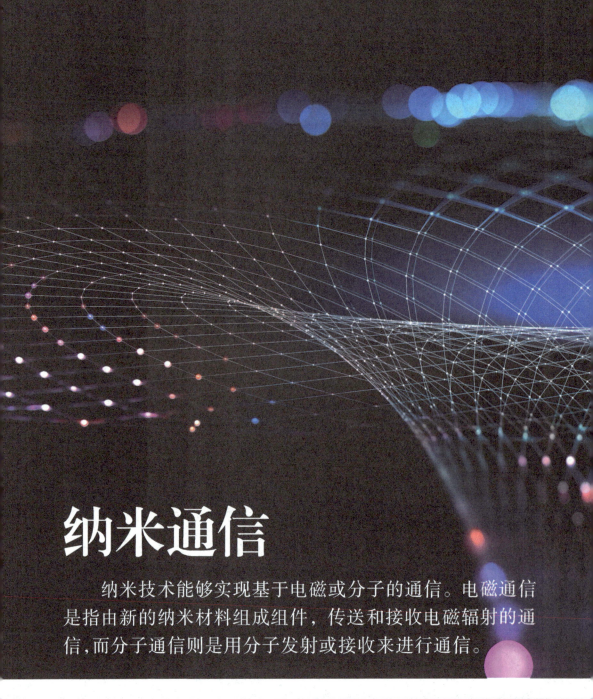

纳米通信

纳米技术能够实现基于电磁或分子的通信。电磁通信是指由新的纳米材料组成组件，传送和接收电磁辐射的通信，而分子通信则是用分子发射或接收来进行通信。

升级通信硬件

传统通信工程中的硬件呈现分散状态而导致信息交流效率低，纳米技术则可以克服这种障碍，并且具有比传统的通信元件更优越的内在性能。

实现远程感知

现有的纳米传感技术需要传送设备进行信号传输，无线通信纳米设备则不需要如此，能真正做到远程感知。

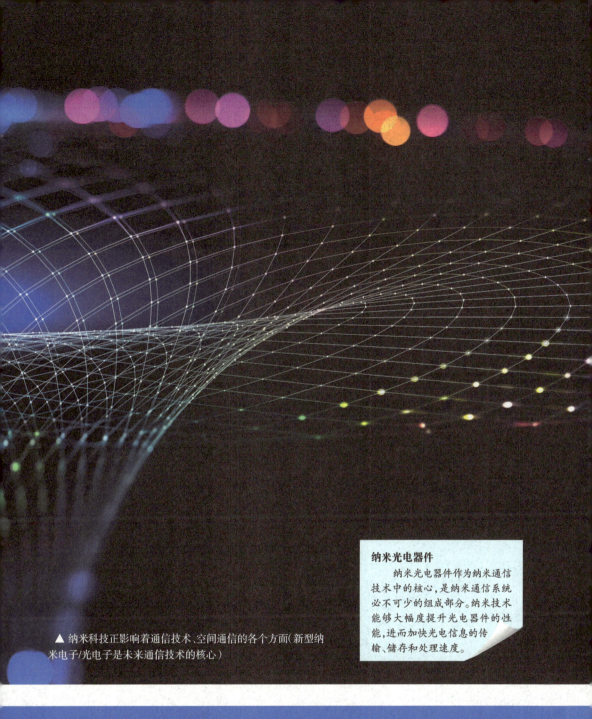

纳米光电器件

　　纳米光电器件作为纳米通信技术中的核心，是纳米通信系统必不可少的组成部分。纳米技术能够大幅度提升光电器件的性能，进而加快光电信息的传输、储存和处理速度。

▲ 纳米科技正影响着通信技术、空间通信的各个方面(新型纳米电子/光电子是未来通信技术的核心）

纳米设备联网

　　纳米通信设备可以实现设备之间的交流，进而扩大单个器件的功能和应用。进行联网的设备可以覆盖更大的区域，执行更复杂的指令。

探测生物微环境

　　模拟生物体内不同部位的场景，观察信息分子在纳米机器人之间传递的过程，有助于深入理解不同生物微环境对信息分子传递的影响机制。

纳米生物技术

　　纳米生物技术是国际生物技术领域的前沿和热点，在医药卫生领域有着广泛的应用和明确的产业化前景，特别体现在纳米药物载体、纳米生物传感器和成像技术及微型智能化医疗器械等方面，将在疾病诊断、治疗和卫生保健方面发挥重要作用。

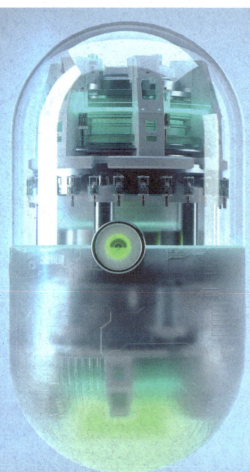

生物传感器

　　生物传感器能够检测生物体内的小环境，将其转化为电信号，实现感受、观察及反应三类功能。纳米技术的引入提高了生物传感器的灵敏度和其他性能。

◀ 未来医学和生物工程胶囊技术内部概念图（未来，医疗纳米机器人技术将有望为人们治疗疾病，延长人类的生命）

人工骨骼

　　清华大学研究开发的新型纳米骨材料模仿了骨头中的成分，其微结构类似于天然骨基质。通过体外及动物实验，证明它是修复骨头的良好生物材料，可用于人工骨骼制造。

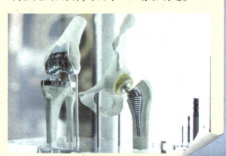

生物相容材料

一些现代化工材料会对人体产生毒性、刺激性，具有致病甚至致癌的风险。因此，不和人体产生反应的生物相容材料在生物医疗领域拥有广泛前景。

纳米生物探针

纳米生物探针可探测多种细胞化学物质，监控活细胞蛋白质和其他生物化学物质。纳米级探头可探测单个活细胞，探知细胞活动与损伤，评估单个细胞的健康状况。

生物活性材料

随着纳米技术的发展，生物活性材料在保持柔韧性的同时，弹性模量已接近硅酸硼玻璃，并且便于加入活性物质，因此是一种理想的生物材料。

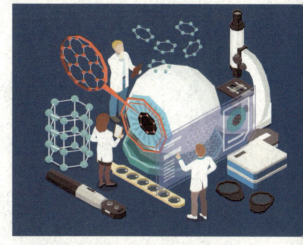

▲ 修复视障人士视力的人工纳米视网膜设想图

▲ 生物成像用荧光纳米材料，在多光子显微镜下呈现出蓝色的荧光素纳米粒子

生物分子开关

世界上任何机器都需要开关来控制开启或关闭，生物也是一样。控制生物开关的是一种叫作分子开关的蛋白质，它能够通过激活生物活性或者使生物活性降低甚至丧失，来精确控制细胞内由于一系列信号传递所产生的连锁反应。

▲ 实验室技术人员在静电纺丝机上测试纳米纤维

纳米医疗技术

纳米技术对疾病特别是重大疾病的早期诊断和治疗将产生深远的影响。

组织修复与替代

纳米生物材料具有高强度特性，并且不会对人体造成刺激，可用于制造牙齿再造材料、人工血管及骨科修补材料等。

光镊

美国的研究人员曾利用光镊(激光束)，将成对的微小玻璃珠放在一起或移开，以研究感染疟疾寄生虫的红细胞的弹性。目前，该技术正应用于帮助研究人员更好地了解疟疾病毒如何通过身体传播。

抵抗病菌小能手

我国某科技企业通过纳米技术将银制成纳米级尺寸的超细小微粒，然后使之附着在棉织物上，研制出了医用敷料——长效广谱抗菌棉。它的抗菌能力比普通抗菌棉提高了 200 倍左右，对临床常见的外科感染细菌有较好的抑制作用。

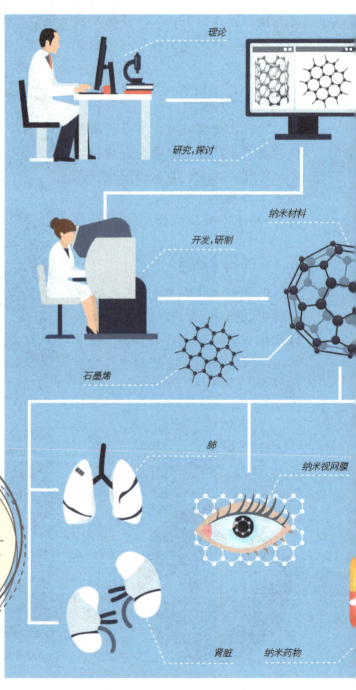

理论

研究,探讨

开发,研制

纳米材料

石墨烯

肺

纳米视网膜

肾脏　纳米药物

▶ 纳米医疗技术示意图

疾病诊断与监控

纳米粒子可应用于临床医疗以及放射性治疗等领域。因为纳米粒子体积小，能够在血管中自由流动，医生可以用它来检查和治疗人体内各部位的病变。

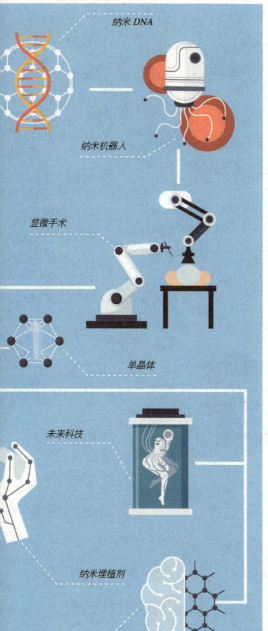

纳米 DNA

纳米机器人

显微手术

单晶体

未来科技

纳米埋植剂

纳米大脑

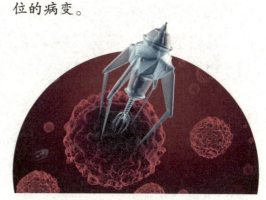

▲ 血管中的纳米机器人设想图

药物输送与治疗

未来，纳米技术可以制作出更精微的医疗设备，甚至有的设备还可以植入人体内，这就使得药物的输送有了可以在短时间内到达指定区域的可能性，能够极大地提升治疗效果。

医疗仪器新发展

使用纳米技术的新型诊断仪器，医生只需检测少量血液就能通过其中的蛋白质和 DNA 诊断出各种疾病。

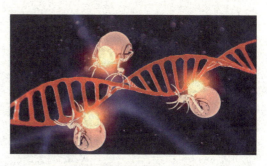

▲ 纳米机器人修补 DNA 设想图

纳米药物

纳米药物是指直接将原料药物加工制成的纳米粒,或是以纳米粒为载体,与药物结合在一起后制成的新型药物。

相较传统药物优点多

相较于传统药物,纳米药物相容性好,可降低对细胞的毒性作用,实现药物的缓释性,延长血液循环时间,对人体肠胃的刺激性也更小。

击溃病灶的"定向导弹"

美国麻省理工学院研制出了一种以纳米磁性材料作为药物载体的纳米药物,称为"定向导弹"。在用磁性纳米微粒包裹住蛋白质,装好特定药物后,"定向导弹"被注射到人体血管中,通过磁场的导航,输送到病变部位,然后释放药物。

带领药物主动出击

将可以识别病灶的纳米粒包裹后形成的智能药物放入人体,能达到主动搜索病灶并攻击癌细胞或修补损伤组织的效果。

◀ 纳米药物设想图

▼ 纳米实验室和研究中心的科学家团队致力于创造新的药物和材料

76

制备方法多样性

　　纳米药物制备方法有很多,例如机械粉碎、气相沉积、液相反应等。每种制备方式都有其独特的优缺点,应进行综合比较,选择适合的方法。

◀ 聚合物纳米颗粒

抵抗衰老

纳米富勒烯不仅在治愈疾病方面用处颇多,也被用于抗衰老的化妆品中。它可以溶解吸收导致皮肤变老的活跃分子——自由基,并且结构稳定,不易变质。

潜在风险应注意

　　纳米药物能克服一些传统药物存在的缺陷和无法解决的问题,但同时我们也应该预估纳米药物潜在的风险,合理运用纳米技术促进药物制剂技术的发展。

DNA 纳米技术

　　DNA 纳米技术是一种人为设计可产生有用的核酸结构的技术,涉及多学科交叉研究领域。这种技术利用 DNA 尺寸为纳米级别,结构非常稳定并且容易人为进行修改的特点来构造各种纳米结构,主要应用于生物医学、化学、材料等领域。

稳定的碱基配对

　　DNA 核酸链之间的结合遵循已知的简单碱基配对规则,这样,碱基序列决定了核酸链系统中的结合模式和整体结构。

结实的螺旋结构

　　DNA 分子里的碱基、脱氧核糖和磷酸就像是组成建筑物的"砖块"和"水泥",它们共同形成了独特的双螺旋结构,构成了 DNA 分子这个非常稳定且不容易损坏的"建筑物"。

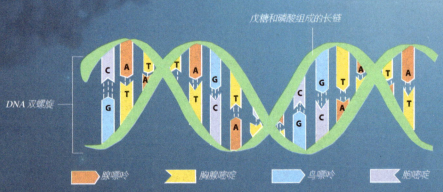

戊糖和磷酸组成的长链

DNA 双螺旋

▭ 腺嘌呤　　▭ 胸腺嘧啶　　▭ 鸟嘌呤　　▭ 胞嘧啶

▲ DNA 中的碱基有四种,分别是:腺嘌呤、胸腺嘧啶、鸟嘌呤和胞嘧啶

改变DNA结构

DNA纳米技术利用DNA的碱基互补配对原则制备出独立的纳米小结构，再通过该结构的无限自组装改变DNA的二维或三维结构，甚至能得到甜甜圈形状的DNA结构。

结构不断精密

随着DNA纳米技术的发展，人们能够制备出的组装体复杂程度也越来越高。科学家已经创造出了一种通过外界刺激来改变自身结构的DNA复合物，该DNA复合物能够根据不同的条件变化来达到不同的动态功能。

◀ 纳米机器人修改 DNA 设想图

人工安装DNA

第一代纳米机器人就是生物和机械系统结合的产物。这种纳米机器人被注入人体血管内，可进行健康检查和疾病治疗；还可以用来完成人体器官的修复工作，从基因中除去有害的DNA，或把正常的 DNA 安装在基因中，使机体正常运行。

设计作物基因

在纳米技术规模上，发达国家和发展中国家的科学家利用生物分子设计农作物的遗传物质，栽培能够在恶劣条件下生长的作物。例如，开发能在含有高浓度的盐或是营养过少的土壤与水中生长的作物，就可以在更多条件复杂的农产区加工出更多的粮食。

纳米技术在环境保护中的应用

将纳米技术应用于环保行业，能够极大地促进环保行业的发展，使处理"三废"的手段更有效率，使人类居住的环境得到很大程度的改善。我国为了实现可持续发展战略，对新型纳米环境材料及技术也提出了新的需求。

▶ 纳米二氧化钛的光催化作用可将气体氧化物氧化成蒸汽压低的硝酸和硫酸，使其伴随着降雨而被除去，达到减少大气污染的目的

废热转化变能源

纳米材料还可用于废热转化，比如将汽车尾气转化为有用的能量，或者将二氧化碳转化为清洁燃料。

▶ 纳米管改性聚合物解决了风电场的雷达干扰问题

能源储存量增加

在能源存储方面，纳米结构的电极材料能够支持更多类型的电化学反应，提高可充电电池的容量和性能，还能减轻电池重量。

清理污染，清洁家园

纳米技术还可用于处理水中的有害物质和污染物。疏松多孔的纳米材料可以像海绵一样吸收水中的有害物质，纳米颗粒还可通过化学反应清除工业用水中的污染物。

纳米滤膜

纳米过滤器

▲ 纳米净水设备示意图

控制噪声还世界清静

大型机器工作时总会产生非常大的噪声，容易对人造成干扰和危害。当利用纳米技术将机器改进以后，机器撞击、摩擦所产生的声音也就自然减少了，噪声污染便可以得到有效控制。

超强力净水剂

新型纳米净水剂具有很强的吸附能力，是普通净水剂的几十倍，可以将污水中悬浮的尘土、铁锈等污染物全部除去；而纳米孔径的过滤装置还能把水中的细菌、病毒去除。经过纳米技术净化后的水变得清澈，没有异味，可以饮用。

高效的污染监测

纳米颗粒对化学和生物试剂的反应非常灵敏，哪怕是很少的量也能检测出来，因此可用于空气、水和土壤中污染物的监测，比传统的现场测试方法更加简单快捷。

81

纳米新能源

　　纳米能源技术的开发将在一定程度上缓解世界能源短缺的现状，提高现有能源的使用效率，为世界可持续发展提供新的动力。同时，纳米材料可以成为新能源生产中非常高效的催化剂，在解决日益突出的能源危机问题上发挥重要作用。

▼ 有纳米涂层的太阳能

提升太阳能利用率

　　纳米技术可以提高太阳能利用率，并且有望解决太阳能造价高与损耗大等问题。

制造高能电池

作为新一代高能电池技术的组成部分，纳米材料可以提高电池的性能和容量，例如利用纳米结构的材料来提升电池充电的效率，为手机和电脑快速补电。

电动汽车的新时代

电动汽车发展的阻力之一便是电池组的供能问题。在电池中加入纳米粒子，不仅可以提高电池的效率，还可以减缓电池老化，从而提高电动汽车的效能和续航距离。

▶ 石墨烯技术电池

热与电的神奇转换

具有纳米结构的高效热电转化材料能够实现热发电，制成不仅可为自身供能而且还不需要人工照看的电源系统，可以用来满足医疗和太空探索的需要。

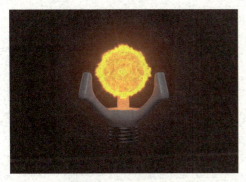
▲ 未来纳米太阳灯取代经典灯设想图

廉价的高效催化剂

新型纳米催化剂不仅效率非常高，并且能在各种温度环境下起效，它的廉价与高效使它可以取代现在应用的昂贵的催化剂，让一些环保能源的应用成为可能。

▲ 纳米实验室生态能源在城市模型中的应用

中国的纳米技术

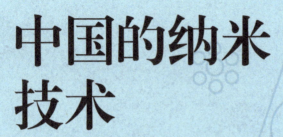

　　过去二十多年里，世界多国相继发布纳米科技研究和发展计划，极大推动了纳米科技全面且快速的发展。由于政府对纳米科技领域的持续重视，中国正成为推动纳米科技发展的核心力量之一。

传统行业比重大

　　我国国情决定了发展纳米技术首先要切入传统产业，通过纳米技术增加工业产品的科技含量，淘汰能耗大、污染多的工艺，促进国家经济的持久增长。

研究机构产出多

　　在纳米相关研究产出最高的100所机构中，有33所来自中国，30所来自美国，7所来自韩国，6所来自德国，5所来自日本。

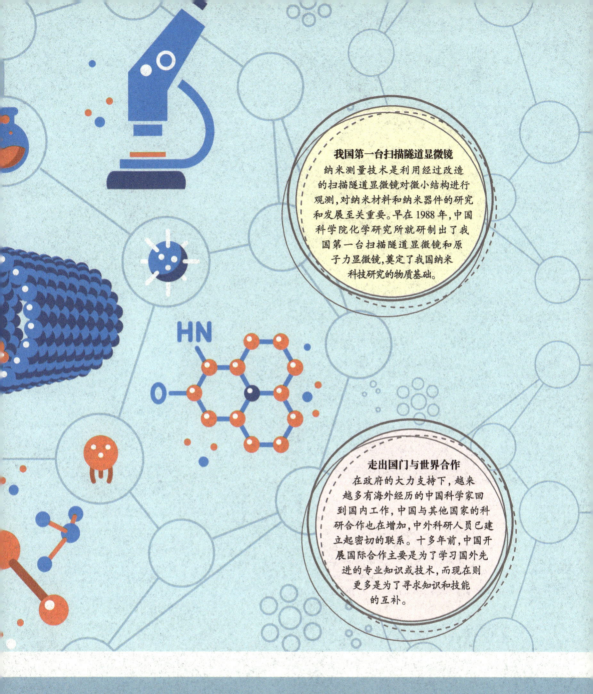

我国第一台扫描隧道显微镜

纳米测量技术是利用经过改造的扫描隧道显微镜对微小结构进行观测，对纳米材料和纳米器件的研究和发展至关重要。早在1988年，中国科学院化学研究所就研制出了我国第一台扫描隧道显微镜和原子力显微镜，奠定了我国纳米科技研究的物质基础。

走出国门与世界合作

在政府的大力支持下，越来越多有海外经历的中国科学家回到国内工作，中国与其他国家的科研合作也在增加，中外科研人员已建立起密切的联系。十多年前，中国开展国际合作主要是为了学习国外先进的专业知识或技术，而现在则更多是为了寻求知识和技能的互补。

专利申请广又多

中国纳米相关的专利申请所涉领域非常广泛，各领域的增长模式也各有不同。根据统计，中国的纳米专利申请量已位列世界第一。

催化行业占前茅

在纳米技术领域，中国的催化研究有明显的领先优势，很多颇有建树的化学家都专注于催化材料研究，并为该领域培养出一批年轻科学家，推动了纳米催化研究的持续发展。

85

国家纳米
科学中心

国家纳米科学中心位于北京市海淀区，于2003年12月由中国科学院与教育部共同建立。中心定位于纳米科学的基础研究和应用基础研究，着重于具有前瞻性、重要应用前景的纳米科学与技术基础研究。

中心形象标识

国家纳米科学中心标志的主体图形以具有纵深感的方形体和羽翼形笔触构成纳米的英文字头"N"。方形体结构严密而具有动感，象征纳米科学的特性和可变性，同时方形体也象征了公共技术平台的含义；羽翼形笔触冲出方形，预示着纳米科学中心的不断突破与创新。

前世今生

2000 年 10 月 30 日，为了加强我国的纳米科技研究，中国科学院组织 21 个研究所成立了"中国科学院纳米科技中心"，是国家纳米科学中心的前身。2003 年 12 月，国家纳米科学中心正式挂牌成立。

科研力量

截至 2022 年底，国家纳米科学中心有中国科学院院士 1 人，发展中国家科学院院士 1 人，研究员及工程技术人员 209 人，在站博士后 108 人，在学研究生 485 人。

实验室资源

国家纳米科学中心现有 3 个中国科学院重点实验室，此外国家纳米中心与北京大学、清华大学、中国科学院福建物质结构研究所等单位共建协作实验室 19 个。

学界影响

国家纳米科学中心是全国纳米技术标准化技术委员会、中国合格评定国家认可委员会科研实验室专业委员会、中国微米纳米技术学会纳米科学技术分会的挂靠单位，具有很大的影响力。

科学家共建中国梦

2000 年前后，师昌绪院士和上海原子核研究所的艾小白研究员高瞻远瞩，先后给国务院领导写信，建议组建国家纳米科学中心和国家纳米工程中心，随后得到了李岚清副总理的批示。2001 年 6 月，国家计委正式提出由中国科学院、教育部共同组建国家纳米科学中心。

纳米技术的未来

纳米技术正在改善人们的生活质量，科学家预测到21世纪中期，纳米技术将改变人类的劳动和生活方式。相信在不久的将来，纳米技术可以在我们生活的方方面面得到普及，全面服务于人类。

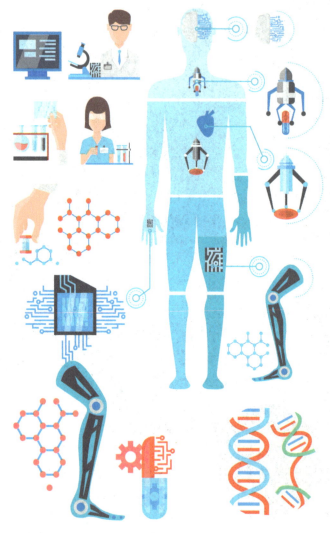

▶ 纳米材料被誉为"21世纪最有前途的材料"

促进环境保护

纳米技术能够极大地促进环保行业的发展，使工厂废水、废气的处理手段更有效率，使人类居住的环境得到很大程度的改善。

治愈疑难病症

运用了纳米技术的新型医疗器件可以实现人体健康指标的实时监测，提高疾病的治愈率，并且有希望提供癌症诊断和治疗的新方法。

▲ 人工肢体纳米技术信息图

拯救能源危机

　　纳米能源技术的开发会让太阳能的利用效率大大增加，实现像植物一般的光合作用，这可以让人类逐步摆脱对化石能源的依赖，缓解世界能源短缺的困境。

材料自动修复

　　未来的高分子材料可能永远不会老化或者磨损，在受到微小的损伤时，它们可以自动修复伤痕，以防止细微的破裂变成危害更大的裂痕。

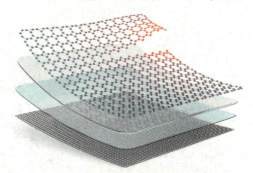

▼ 自愈混凝土　　　　　▲ 多层复合自愈材料

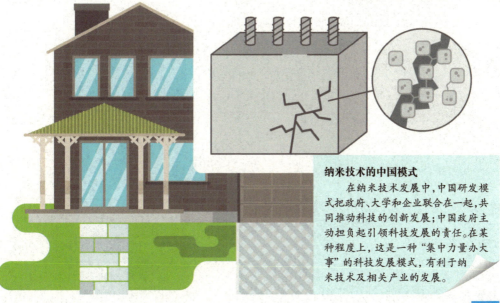

纳米技术的中国模式

　　在纳米技术发展中，中国研发模式把政府、大学和企业联合在一起，共同推动科技的创新发展；中国政府主动担负起引领科技发展的责任。在某种程度上，这是一种"集中力量办大事"的科技发展模式，有利于纳米技术及相关产业的发展。